はじめに

Microsoft Excel 2019は、やさしい操作性と優れた機能を兼ね備えた統合型表計算ソフトです。
本書は、Excelの基本機能をマスターされている方を対象に、完成図を参考に自分で考えながら作成するスキルを習得していただくことを目的としています。
本書は、経験豊富なインストラクターが日頃のノウハウをもとに作成しており、講習会や授業の教材としてご利用いただくほか、自己学習の教材としても最適なテキストとなっております。
本書を通して、Excelの活用力を向上させ、実務にいかしていただければ幸いです。

なお、基本機能の習得には次のテキストをご利用ください。
「よくわかる Microsoft Excel 2019 基礎」（FPT1813）
「よくわかる Microsoft Excel 2019 応用」（FPT1814）

本書を購入される前に必ずご一読ください
本書は、2020年4月現在のExcel 2019（16.0.10356.20006）に基づいて解説しています。
Windows Updateによって機能が更新された場合には、本書の記載のとおりに操作できなくなる可能性があります。あらかじめご了承のうえ、ご購入・ご利用ください。

2020年7月1日
FOM出版

目次

Contents

解答の操作手順は、FOM出版のホームページで提供しています。P.6「5 学習ファイルと解答の提供について」を参照してください。

本書をご利用いただく前に

本書で学習を進める前に、ご一読ください。

1　本書の記述について

操作の説明のために使用している記号には、次のような意味があります。

記述	意味	例
[ ]	キーボード上のキーを示します。	[Ctrl] [Enter]
[ ]+[ ]	複数のキーを押す操作を示します。	[Ctrl]+[Enter] ([Ctrl]を押しながら[Enter]を押す)
《　》	ダイアログボックス名やタブ名、項目名など画面の表示を示します。	《OK》をクリック 《ファイル》タブを選択
「　」	重要な語句や機能名、画面の表示、入力する文字列などを示します。	「合計」と入力

2　製品名の記載について

本書では、次の名称を使用しています。

正式名称	本書で使用している名称
Windows 10	Windows 10 または Windows
Microsoft Excel 2019	Excel 2019 または Excel

3　学習環境について

本書を学習するには、次のソフトウェアが必要です。
また、インターネットに接続できる環境で学習することを前提にしています。

●Excel 2019

本書を開発した環境は、次のとおりです。

・OS：Windows 10（ビルド18363.720）
・アプリケーションソフト：Microsoft Office Professional Plus 2019
　Microsoft Excel 2019（16.0.10356.20006）
・ディスプレイ：画面解像度　1024×768ピクセル

※インターネットに接続できる環境で学習することを前提に記述しています。
※環境によっては、画面の表示が異なる場合や記載の機能が操作できない場合があります。

◆画面解像度の設定

画面解像度を本書と同様に設定する方法は、次のとおりです。

①デスクトップの空き領域を右クリックします。

②**《ディスプレイ設定》**をクリックします。

③**《ディスプレイの解像度》**の ⌄ をクリックし、一覧から**《1024×768》**を選択します。

※確認メッセージが表示される場合は、《変更の維持》をクリックします。

◆ボタンの形状

ディスプレイの画面解像度やウィンドウのサイズなど、お使いの環境によって、ボタンの形状やサイズが異なる場合があります。ボタンの操作は、ポップヒントに表示されるボタン名を確認してください。

※本書に掲載しているボタンは、ディスプレイの画面解像度を「1024×768ピクセル」、ウィンドウを最大化した環境を基準にしています。

◆スタイルや色の名前

本書発行後のWindowsやOfficeのアップデートによって、ポップヒントに表示されるスタイルや色などの項目の名前が変更される場合があります。本書に記載されている項目名が一覧にない場合は、任意の項目を選択してください。

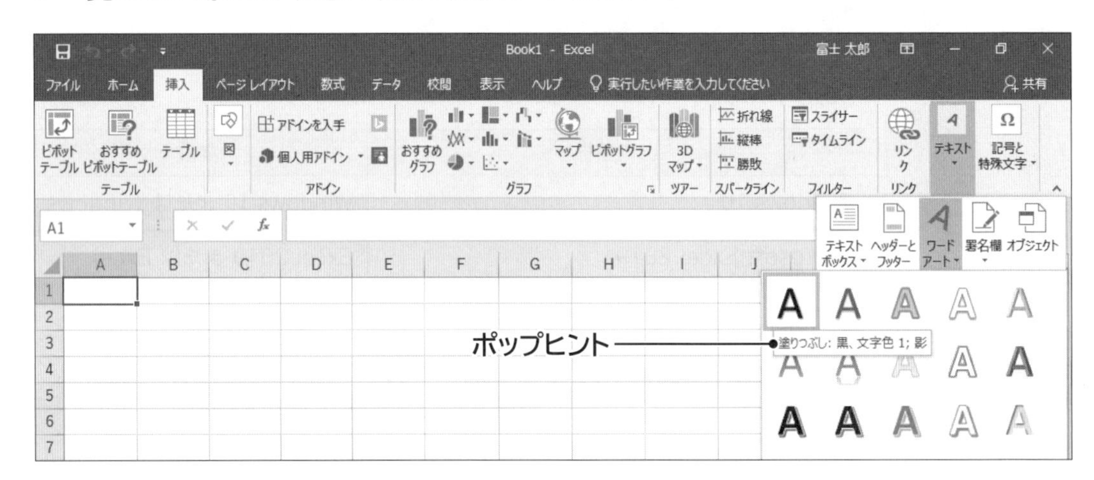

POINT Office製品の種類

Microsoftが提供するOfficeには「Officeボリュームライセンス」「プレインストール版」「パッケージ版」「Microsoft 365」などがあり、種類によってアップデートの時期や画面が異なることがあります。

※本書は、Office2019 ボリュームライセンスをもとに開発しています。

●Microsoft 365で《挿入》タブを選択した状態（2020年1月現在）

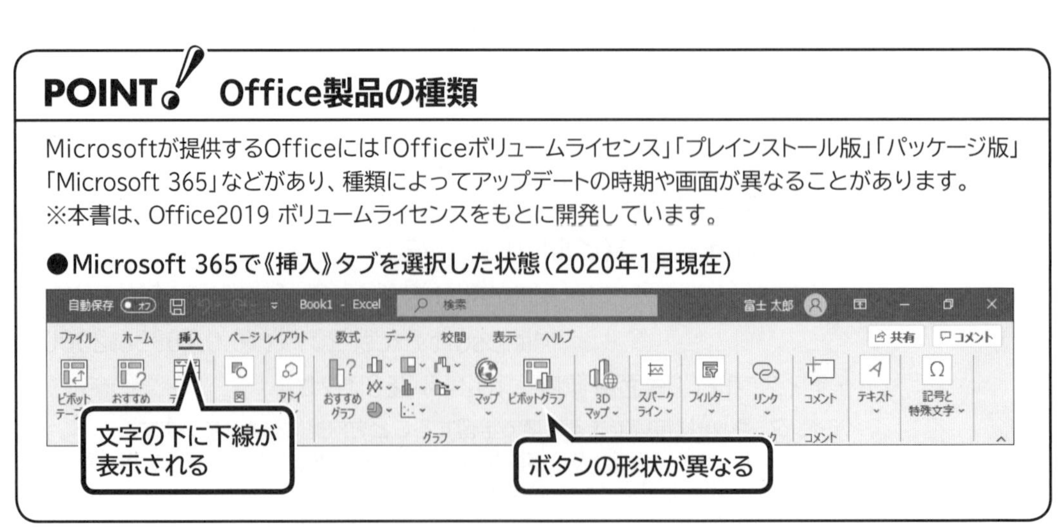

4 本書の見方について

本書は、完成図を参考にして、自分で考えながら作成する内容になっています。
詳しい問題文などは記載されていないので、Hint! と Advice を参考に実習しましょう。

❶Lessonの難易度を示しています。

レベル	アイコン	説明
レベル1	難易度 1	「よくわかる Microsoft Excel 2019 基礎」(FPT1813)で操作手順を解説している問題、または同等レベルの問題です。
レベル2	難易度 2	「よくわかる Microsoft Excel 2019 応用」(FPT1814)で操作手順を解説している問題、または同等レベルの問題です。
レベル3	難易度 3	より難易度の高い問題です。

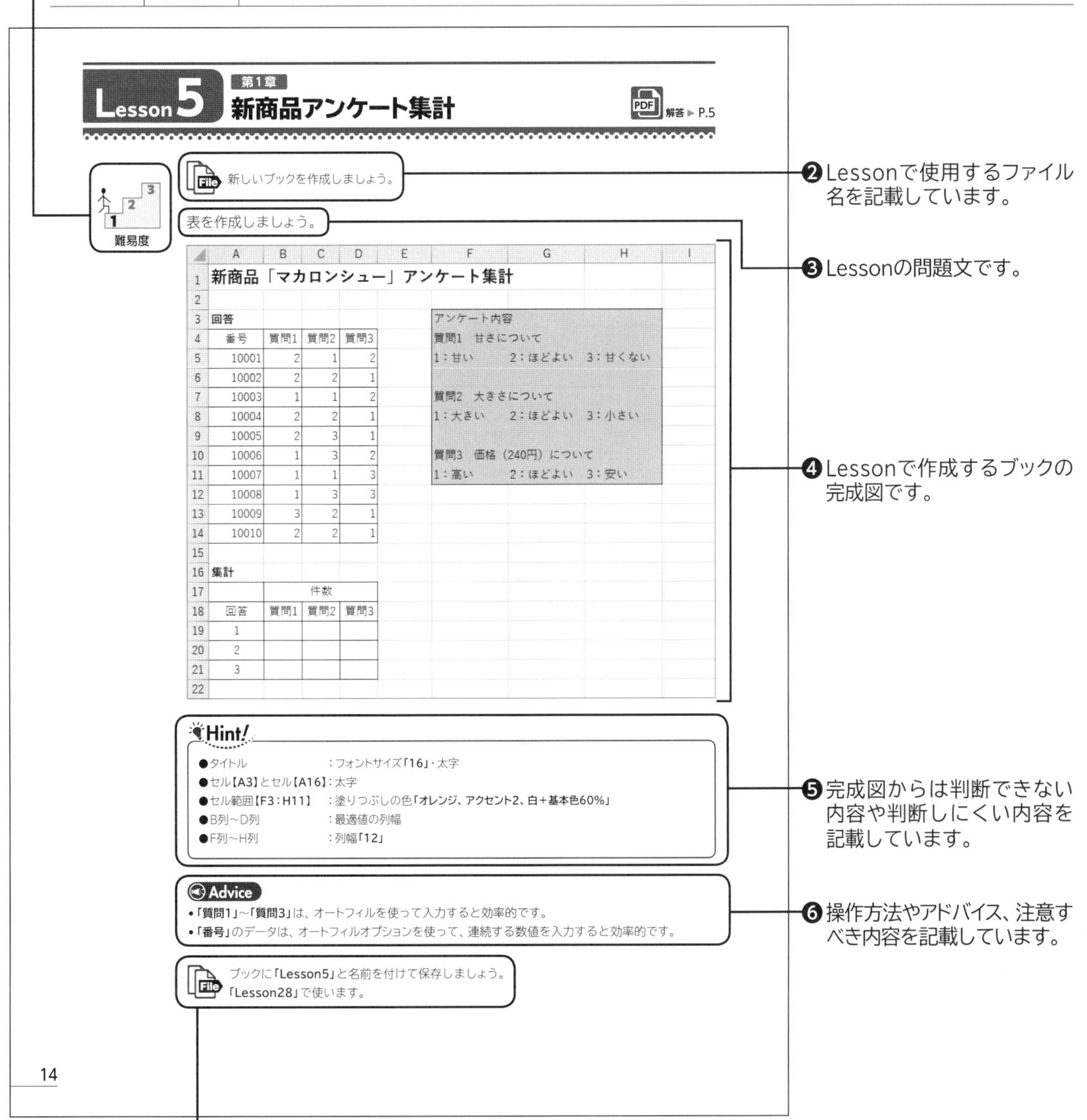

Lesson 5 第1章
新商品アンケート集計
解答 ▶ P.5

File 新しいブックを作成しましょう。

難易度 1

表を作成しましょう。

	A	B	C	D	E	F	G	H	I
1	新商品「マカロンシュー」アンケート集計								
2									
3	回答					アンケート内容			
4	番号	質問1	質問2	質問3		質問1 甘さについて			
5	10001	2	1	2		1：甘い 2：ほどよい 3：甘くない			
6	10002	2	2	1					
7	10003	1	1	2		質問2 大きさについて			
8	10004	2	2	1		1：大きい 2：ほどよい 3：小さい			
9	10005	2	3	1					
10	10006	1	3	2		質問3 価格（240円）について			
11	10007	1	1	3		1：高い 2：ほどよい 3：安い			
12	10008	1	3	3					
13	10009	3	2	1					
14	10010	2	2	1					
15									
16	集計								
17		件数							
18	回答	質問1	質問2	質問3					
19	1								
20	2								
21	3								
22									

Hint!
- ●タイトル　：フォントサイズ「16」・太字
- ●セル【A3】とセル【A16】：太字
- ●セル範囲【F3：H11】　：塗りつぶしの色「オレンジ、アクセント2、白+基本色60%」
- ●B列～D列　：最適値の列幅
- ●F列～H列　：列幅「12」

Advice
- •「質問1」～「質問3」は、オートフィルを使って入力すると効率的です。
- •「番号」のデータは、オートフィルオプションを使って、連続する数値を入力すると効率的です。

File ブックに「Lesson5」と名前を付けて保存しましょう。
「Lesson28」で使います。

14

❷Lessonで使用するファイル名を記載しています。

❸Lessonの問題文です。

❹Lessonで作成するブックの完成図です。

❺完成図からは判断できない内容や判断しにくい内容を記載しています。

❻操作方法やアドバイス、注意すべき内容を記載しています。

❼作成したブックを保存する際に付けるファイル名を記載しています。
また、作成したブックを以降のLessonで使用する場合は、そのLesson番号を記載しています。

◆題材別Lesson対応表

第1章～第9章で学習する題材には、次のようなものがあります。
各題材と各Lessonの対応は、次のとおりです。

題材＼章	第1章	第2章	第3章	第4章
栄養成分表	Lesson1			
英会話コース一覧	Lesson2			
上期売上表	Lesson3 Lesson4			Lesson41 Lesson42
新商品アンケート集計	Lesson5	Lesson28		
送付先リスト	Lesson6	Lesson23		
売上一覧表	Lesson7	Lesson22		
売上集計表	Lesson8	Lesson24		
身体測定結果	Lesson9	Lesson25		
スケジュール表	Lesson10	Lesson32		
模擬試験成績表	Lesson11	Lesson30		
商品券発行リスト	Lesson12	Lesson31		
アルバイト勤務表	Lesson13	Lesson34	Lesson37	Lesson40
案内状	Lesson14		Lesson38	
お見積書	Lesson15	Lesson29	Lesson39	
試験結果	Lesson16	Lesson33		
返済プラン	Lesson17	Lesson35		
積立プラン	Lesson18	Lesson36		
セミナーアンケート結果	Lesson19			
支店別売上表	Lesson20	Lesson27		
観測記録	Lesson21	Lesson26		
体制表				

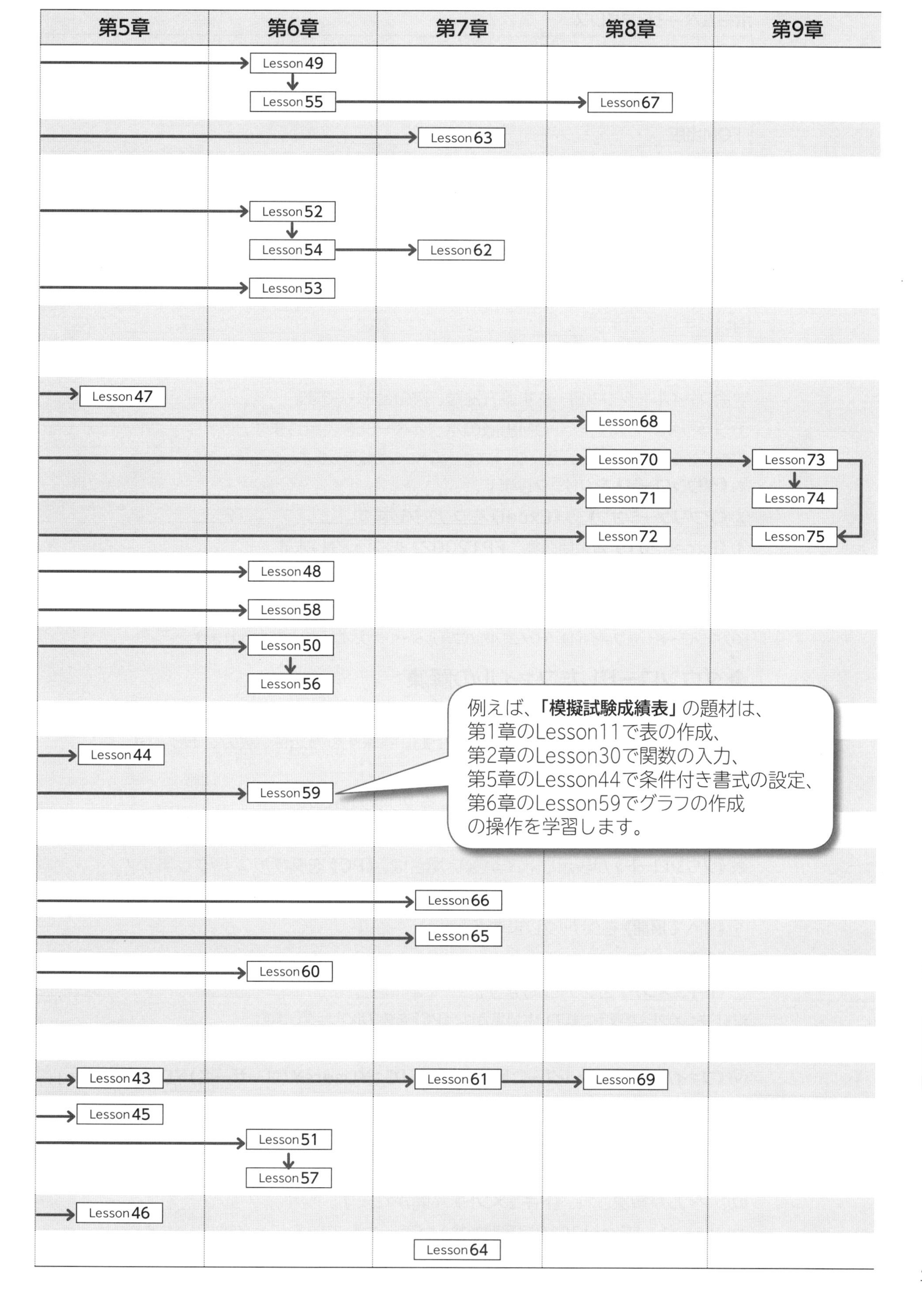
第5章
第6章
第7章
第8章
第9章
Lesson49
Lesson55
Lesson67
Lesson63
Lesson52
Lesson54
Lesson62
Lesson53
Lesson47
Lesson68
Lesson70
Lesson73
Lesson71
Lesson74
Lesson72
Lesson75
Lesson48
Lesson58
Lesson50
Lesson56
Lesson44
Lesson59
例えば、「模擬試験成績表」の題材は、
第1章のLesson11で表の作成、
第2章のLesson30で関数の入力、
第5章のLesson44で条件付き書式の設定、
第6章のLesson59でグラフの作成
の操作を学習します。
Lesson66
Lesson65
Lesson60
Lesson43
Lesson61
Lesson69
Lesson45
Lesson51
Lesson57
Lesson46
Lesson64

5 学習ファイルと解答の提供について

本書で使用する学習ファイルと解答は、FOM出版のホームページで提供しています。

ホームページ・アドレス

https://www.fom.fujitsu.com/goods/

ホームページ検索用キーワード

FOM出版

1 学習ファイル

本書は、Lesson1から順番に学習することを前提としています。各Lessonで作成するファイルはLessonの終わりに保存し、それ以降のLessonでそのファイルを開いて使います。ファイルを保存しなかった場合や途中から学習する場合は、各Lessonの完成ファイルを開いて学習できます。

◆ダウンロード

学習ファイルをダウンロードする方法は、次のとおりです。

①ブラウザーを起動し、FOM出版のホームページを表示します。

※アドレスを直接入力するか、キーワードでホームページを検索します。

②**《ダウンロード》**をクリックします。

③**《アプリケーション》**の**《Excel》**をクリックします。

④**《Excel 2019 演習問題集　FPT2002》**をクリックします。

⑤**「fpt2002.zip」**をクリックします。

⑥ダウンロードが完了したら、ブラウザーを終了します。

※ダウンロードしたファイルは、パソコン内のフォルダー「ダウンロード」に保存されます。

◆ダウンロードしたファイルの解凍

ダウンロードしたファイルは圧縮されているので、解凍(展開)します。ダウンロードしたファイル**「fpt2002.zip」**を**《ドキュメント》**に解凍する方法は、次のとおりです。

①デスクトップ画面を表示します。

②タスクバーの■(エクスプローラー)をクリックします。

③**《ダウンロード》**をクリックします。

※**《ダウンロード》**が表示されていない場合は、**《PC》**をダブルクリックします。

④ファイル**「fpt2002」**を右クリックします。

⑤**《すべて展開》**をクリックします。

⑥**《参照》**をクリックします。

⑦**《ドキュメント》**をクリックします。

※《ドキュメント》が表示されていない場合は、《PC》をダブルクリックします。

⑧**《フォルダーの選択》**をクリックします。

⑨**《ファイルを下のフォルダーに展開する》**が**「C:¥Users¥(ユーザー名)¥Documents」**に変更されます。

⑩**《完了時に展開されたファイルを表示する》**を☑にします。

⑪**《展開》**をクリックします。

⑫ファイルが解凍され、**《ドキュメント》**が開かれます。

⑬フォルダー**「Excel2019演習問題集」**が表示されていることを確認します。

※すべてのウィンドウを閉じておきましょう。

◆学習ファイルの一覧

フォルダー**「Excel2019演習問題集」**には、学習ファイルが入っています。タスクバーの （エクスプローラー）→**《PC》**→**《ドキュメント》**をクリックし、一覧からフォルダーを開いて確認してください。

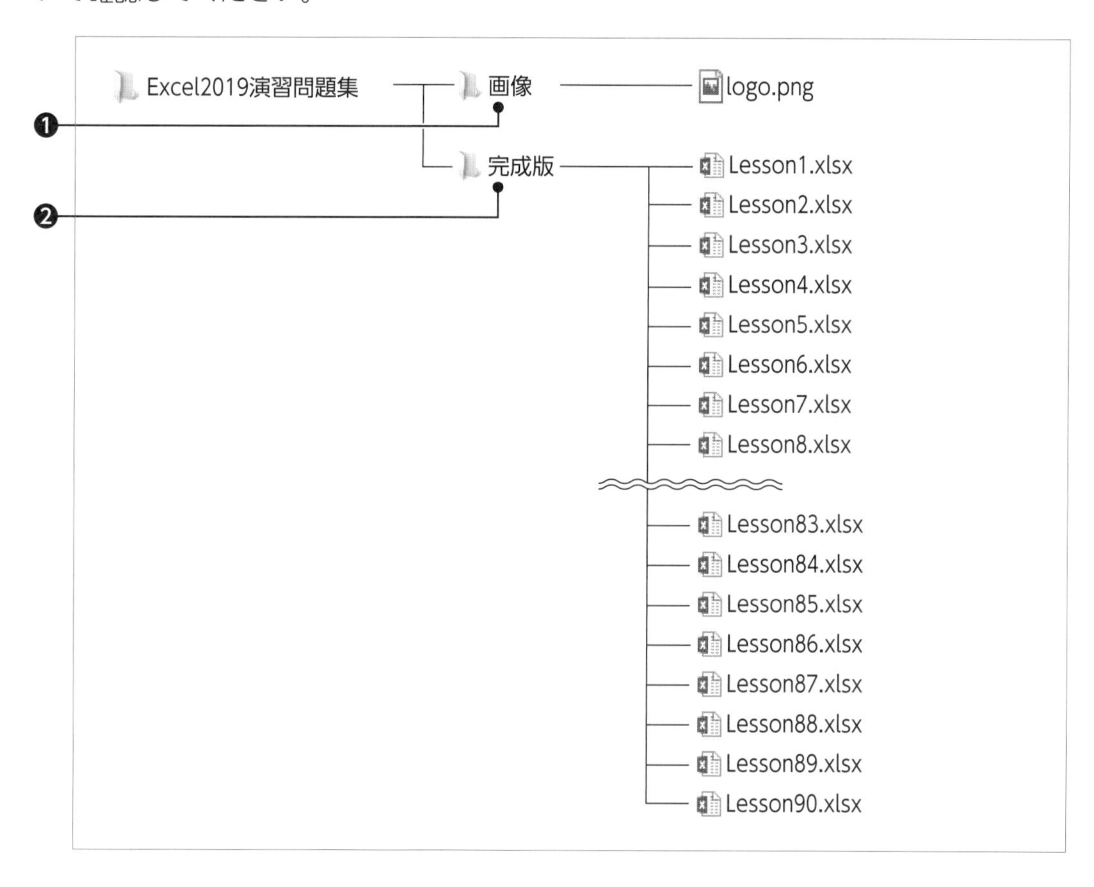

❶**フォルダー「画像」**　…Lessonで使用するファイルが収録されています。
❷**フォルダー「完成版」**…Lessonで完成したファイルが収録されています。

◆学習ファイルの場所

本書では、学習ファイルの場所を**《ドキュメント》**内のフォルダー**「Excel2019演習問題集」**としています。**《ドキュメント》**以外の場所にコピーした場合は、フォルダーを読み替えてください。

◆学習ファイル利用時の注意事項

ダウンロードした学習ファイルを開く際、そのファイルが安全かどうかを確認するメッセージが表示される場合があります。学習ファイルは安全なので、**《編集を有効にする》**をクリックして、編集可能な状態にしてください。

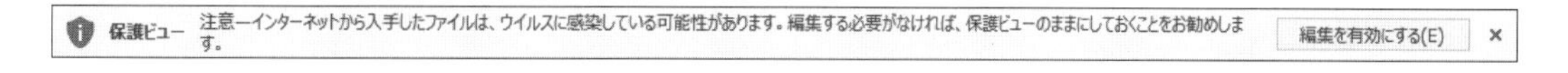

第1章
第2章
第3章
第4章
第5章
第6章
第7章
第8章
第9章
総合問題

2 解答

標準的な解答を記載したPDFファイルを提供しています。
PDFファイルを表示してご利用ください。

パソコンで表示する場合

①ブラウザーを起動し、FOM出版のホームページを表示します。
※アドレスを直接入力するか、キーワードでホームページを検索します。
②《ダウンロード》をクリックします。
③《アプリケーション》の《Excel》をクリックします。
④《Excel2019演習問題集　FPT2002》をクリックします。
⑤「fpt2002_kaitou.pdf」をクリックします。
⑥PDFファイルが表示されます。
※必要に応じて、印刷または保存してご利用ください。

スマートフォン・タブレットで表示する場合

①スマートフォン・タブレットで下のQRコードを読み取ります。

②PDFファイルが表示されます。

第1章　基本的な表を作成する

設定する項目が一覧にない場合は、任意の項目を選択してください。

Lesson 1 栄養成分表

◆データの入力
①セル【A1】にタイトルを入力
②セル範囲【A3：E3】に項目を入力
③セル範囲【A4：E10】にデータを入力
※以降のLessonでも、あらかじめセル範囲を選択する方法を使って入力しましょう。

◆タイトルの書式設定
①セル【A1】をクリック
②《ホーム》タブ→《フォント》グループの（フォントサイズ）の→《16》をクリック
③《ホーム》タブ→《フォント》グループの（太字）をクリック

◆罫線の設定
①セル範囲【A3：E10】を選択
②《ホーム》タブ→《フォント》グループの（下罫線）の→《格子》をクリック

◆項目の書式設定
①セル範囲【A3：E3】を選択
②《ホーム》タブ→《フォント》グループの（塗りつぶしの色）の→《テーマの色》の《青、アクセント5、白+基本色40%》（左から9番目、上から4番目）をクリック
③《ホーム》タブ→《配置》グループの（中央揃え）をクリック

◆列の幅の変更
①列番号【A】を右クリック
②《列の幅》をクリック
③《列の幅》に「12」と入力
④《OK》をクリック
⑤列番号【B：E】を選択
⑥選択した列番号の右側の境界線をポイントし、マウスポインターの形が┿に変わったら、ダブルクリック

Lesson 2 英会話コース一覧

◆データの入力
①セル【A1】にタイトルを入力
②セル範囲【A6：F6】、セル【A7】、セル【A10】、セル【A13】、セル範囲【B7：B15】に項目を入力
③セル範囲【C7：F15】に数値を入力
※表示形式は、あとから設定します。

◆タイトルの書式設定
①セル【A1】をクリック
②《ホーム》タブ→《フォント》グループの（フォントサイズ）の→《14》をクリック
③《ホーム》タブ→《フォント》グループの（太字）をクリック

◆罫線の設定
①セル範囲【A6：F15】を選択
②《ホーム》タブ→《フォント》グループの（下罫線）の→《格子》をクリック
③セル範囲【A6：F6】を選択
④《ホーム》タブ→《フォント》グループの（格子）の→《下二重罫線》をクリック

◆項目の書式設定
①セル範囲【A6：F6】を選択
②《ホーム》タブ→《フォント》グループの（太字）をクリック
③《ホーム》タブ→《配置》グループの（中央揃え）をクリック
④セル範囲【A7：A9】を選択
⑤ Ctrl を押しながら、セル範囲【A10：A12】とセル範囲【A13：A15】を選択
⑥《ホーム》タブ→《配置》グループの（セルを結合して中央揃え）をクリック

◆表示形式の設定
①セル範囲【E7：F15】を選択
②《ホーム》タブ→《数値》グループの（通貨表示形式）をクリック

-3-

6 本書の最新情報について

本書に関する最新のQ＆A情報や訂正情報、重要なお知らせなどについては、FOM出版のホームページでご確認ください。

ホームページ・アドレス

https://www.fom.fujitsu.com/goods/

ホームページ検索用キーワード

FOM出版

よくわかる

第1章 Chapter 1

基本的な表を作成する

Lesson 1 第1章 栄養成分表

解答 ▶ P.3

難易度

新しいブックを作成しましょう。

表を作成しましょう。
※解答は、FOM出版のホームページで提供しています。P.6「5 学習ファイルと解答の提供について」を参照してください。

	A	B	C	D	E	F
1	**野菜の栄養成分表（100gあたり）**					
2						
3	食品名	エネルギー（kcal）	たんぱく質（g）	脂質（g）	炭水化物（g）	
4	アスパラガス	22	2.6	0.2	3.9	
5	キャベツ	23	1.3	0.2	5.2	
6	レタス	23	0.6	0.1	2.8	
7	トマト	19	0.7	0.1	4.7	
8	にんじん	37	0.6	0.1	9	
9	ブロッコリー	33	4.3	0.5	5.2	
10	ホウレン草	20	2.2	0.4	3.1	
11						

Hint!

- ●タイトル　：フォントサイズ「16」・太字
- ●項目　　　：塗りつぶしの色「青、アクセント5、白＋基本色40%」
- ●A列　　　：列の幅「12」
- ●B列～E列：最適値の列の幅

Advice

- 連続するセル範囲にデータを入力する場合は、あらかじめセル範囲を選択してから入力すると効率的です。
- 列番号の右側の境界線をダブルクリックすると、列の最長データに合わせて、列の幅を自動的に調整できます。

ブックに「Lesson1」と名前を付けて保存しましょう。
「Lesson49」で使います。

Lesson 2 第1章 英会話コース一覧

解答 ▶ P.3

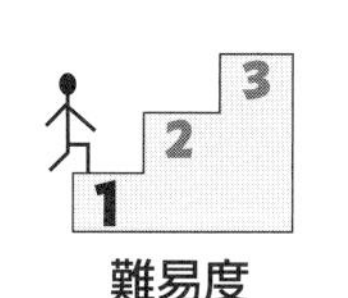
難易度

新しいブックを作成しましょう。

表を作成しましょう。

	A	B	C	D	E	F	G
1	FOM英会話スクール						
2							
3							
4							
5							
6	レベル	コース	回数/年	授業時間	教材費	受講料	
7	初級	グループ8人	48	50	¥25,000	¥240,000	
8		少人数4人	48	45	¥30,000	¥360,000	
9		マンツーマン	48	40	¥30,000	¥456,000	
10	中級	グループ8人	45	50	¥25,000	¥225,000	
11		少人数4人	45	45	¥30,000	¥337,000	
12		マンツーマン	45	40	¥30,000	¥405,000	
13	上級	少人数4人	40	45	¥25,000	¥300,000	
14		ディスカッション	40	30	¥30,000	¥260,000	
15		ビジネス英語	40	50	¥30,000	¥260,000	
16							

Hint!

- タイトル：フォントサイズ「**14**」・太字
- セル範囲【**A6：F6**】：太字
- 通貨表示形式
- A列～B列：列の幅「**15**」

Advice

- 「**コース**」のデータは、オートコンプリートを使って入力すると効率的です。
- 上のセルと同じ数値を入力する場合は、Ctrl + D を押すと効率的です。
- 離れた複数のセル範囲を選択する場合は、Ctrl を使います。
- 「**教材費**」と「**受講料**」には数値だけを入力し、あとから表示形式を設定します。

ブックに「**Lesson2**」と名前を付けて保存しましょう。
「**Lesson63**」で使います。

第1章

Lesson 3 上期売上表

解答 ▶ P.4

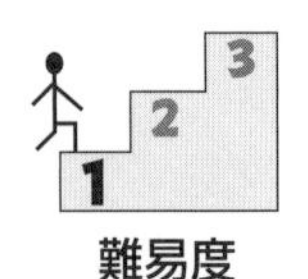

難易度

新しいブックを作成しましょう。

表を作成しましょう。

	A	B	C	D	E	F	G	H	I
1	東銀座店　売上表								
2								単位：千円	
3	分類	4月	5月	6月	7月	8月	9月	合計	
4	グランドピアノ	1,500	0	1,250	0	1,250	1,100		
5	ライトアップピアノ	425	322	940	1,250	540	984		
6	電子ピアノ	1,510	2,802	4,545	2,015	942	2,311		
7	キーボード	180	156	558	510	256	215		
8	オルガン	120	254	125	250	110	512		
9	合計								
10									
11									

東銀座店

Hint!

- タイトル　：フォントサイズ「16」・太字
- 項目と合計行　：フォントサイズ「12」・太字・塗りつぶしの色「緑、アクセント6、白+基本色40%」
- 桁区切りスタイル
- A列　：列の幅「19」
- H列　：列の幅「13」
- シート見出し　：色「緑、アクセント6」

Advice

- 「4月」～「9月」は、オートフィルを使って入力すると効率的です。
- 同じデータを入力する場合は、セルをコピーすると効率的です。
- 初期の設定では、シートに「Sheet1」という名前が付けられていますが、シート名は、シートの内容に合わせてあとから変更できます。

ブックに「Lesson3」と名前を付けて保存しましょう。
「Lesson4」と「Lesson41」で使います。

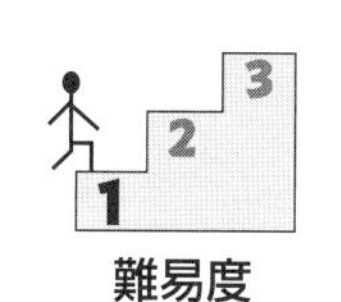

ブック「Lesson3」を開きましょう。

表を作成しましょう。

	A	B	C	D	E	F	G	H	I
1	新川崎店　売上表								
2								単位：千円	
3	分類	4月	5月	6月	7月	8月	9月	合計	
4	グランドピアノ	1,250	980	0	0	1,250	2,500		
5	ライトアップピアノ	425	258	1,254	1,250	2,005	560		
6	電子ピアノ	650	555	3,502	2,580	1,250	1,258		
7	キーボード	154	258	259	346	471	53		
8	オルガン	156	48	45	120	128	245		
9	合計								
10									
11									

新川崎店

- ●項目と合計行：塗りつぶしの色「青、アクセント1、白+基本色40%」
- ●シート見出し　：色「青、アクセント1」

Advice

- セルの内容を部分的に変更する場合は、対象のセルを編集できる状態にしてデータを修正します。
- 各月の数値を削除し、セル範囲を選択したまま入力すると効率的です。

ブックに「Lesson4」と名前を付けて保存しましょう。
「Lesson41」で使います。

Lesson 5 第1章 新商品アンケート集計

PDF 解答 ▶ P.5

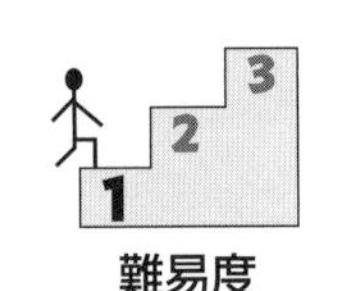

難易度

新しいブックを作成しましょう。

表を作成しましょう。

	A	B	C	D	E	F	G	H	I
1	新商品「マカロンシュー」アンケート集計								
2									
3	回答					アンケート内容			
4	番号	質問1	質問2	質問3		質問1　甘さについて			
5	10001	2	1	2		1：甘い	2：ほどよい	3：甘くない	
6	10002	2	2	1					
7	10003	1	1	2		質問2　大きさについて			
8	10004	2	2	1		1：大きい	2：ほどよい	3：小さい	
9	10005	2	3	1					
10	10006	1	3	2		質問3　価格（240円）について			
11	10007	1	1	3		1：高い	2：ほどよい	3：安い	
12	10008	1	3	3					
13	10009	3	2	1					
14	10010	2	2	1					
15									
16	集計								
17		件数							
18	回答	質問1	質問2	質問3					
19	1								
20	2								
21	3								
22									

Hint!

- ●タイトル　：フォントサイズ「**16**」・太字
- ●セル【**A3**】とセル【**A16**】：太字
- ●セル範囲【**F3：H11**】　：塗りつぶしの色「**オレンジ、アクセント2、白＋基本色60%**」
- ●B列～D列　：最適値の列の幅
- ●F列～H列　：列の幅「**12**」

Advice

- 「**質問1**」～「**質問3**」は、オートフィルを使って入力すると効率的です。
- 「**番号**」のデータは、オートフィルオプションを使って、連続する数値を入力すると効率的です。

ブックに「**Lesson5**」と名前を付けて保存しましょう。
「**Lesson28**」で使います。

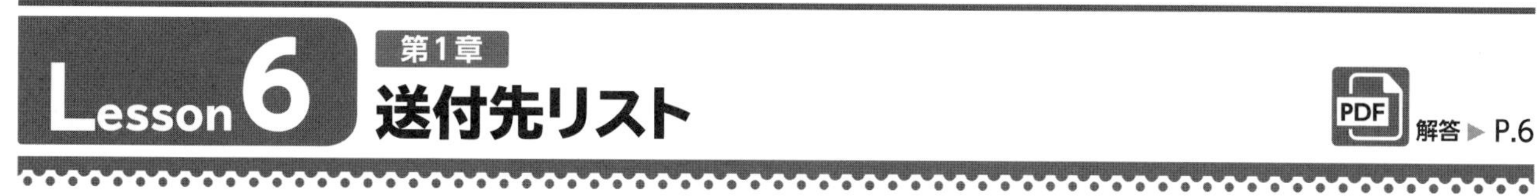

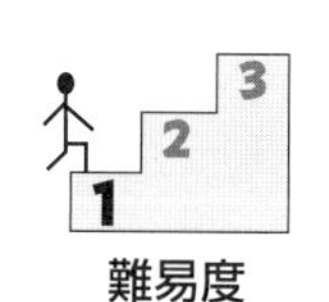

難易度

新しいブックを作成しましょう。

表を作成しましょう。

	A	B	C	D	E	F
1	案内状送付先リスト					
2						
3	姓	名	氏名	郵便番号	住所	
4	川原	香織	川原　香織	105-0002	東京都港区愛宕X-X-X	
5	坂本	利雄	坂本　利雄	112-0001	東京都文京区白山X-X-X	
6	山本	亮子	山本　亮子	135-0013	東京都江東区千田X-X-X	
7	白井	茜	白井　茜	112-0003	東京都文京区春日X-X-X	
8	花岡	純一	花岡　純一	140-0002	東京都品川区東品川X-X-X	
9	谷山	徹	谷山　徹	116-0012	東京都荒川区東尾久X-X-X	
10	森下	秋彦	森下　秋彦	160-0001	東京都新宿区片町X-X-X	
11	伊藤	健	伊藤　健	105-0011	東京都港区芝公園X-X-X	
12	大泉	信也	大泉　信也	170-0012	東京都豊島区上池袋X-X-X	
13	小林	智美	小林　智美	112-0012	東京都文京区大塚X-X-X	
14				件数		
15						

Hint!

- タイトル　：フォントサイズ**「16」**・太字
- 項目　　　：太字・塗りつぶしの色**「青、アクセント1」**・フォントの色**「白、背景1」**
- C列～E列：最適値の列の幅

Advice

- **「氏名」**はフラッシュフィルを使って入力します。
- **「住所」**は郵便番号を入力して変換すると効率的です。

ブックに**「Lesson6」**と名前を付けて保存しましょう。
「Lesson23」で使います。

第1章 第2章 第3章 第4章 第5章 第6章 第7章 第8章 第9章 総合問題

Lesson 7 第1章 売上一覧表

PDF 解答 ▶ P.6

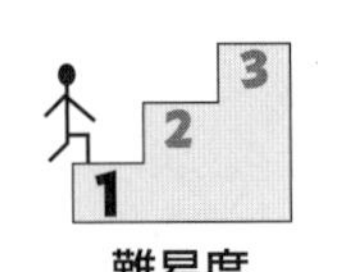

難易度

新しいブックを作成しましょう。

表を作成しましょう。

売上一覧表

番号	日付	店名	担当者	商品名	分類	単価	数量	売上高
1	6月1日	原宿	鈴木大河	ダージリン	紅茶	1,200	30	
2	6月2日	新宿	有川修二	キリマンジャロ	コーヒー	1,000	30	
3	6月3日	新宿	有川修二	ダージリン	紅茶	1,200	20	
4	6月4日	新宿	竹田誠一	ダージリン	紅茶	1,200	50	
5	6月5日	新宿	河上友也	アップル	紅茶	1,600	40	
6	6月5日	渋谷	木村健三	アップル	紅茶	1,600	20	
7	6月8日	原宿	鈴木大河	ダージリン	紅茶	1,200	10	
8	6月10日	品川	畑山圭子	キリマンジャロ	コーヒー	1,000	20	
9	6月11日	新宿	有川修二	アールグレイ	紅茶	1,000	50	
10	6月12日	原宿	鈴木大河	アールグレイ	紅茶	1,000	50	
11	6月12日	品川	佐藤貴子	オリジナルブレンド	コーヒー	1,800	20	
12	6月16日	渋谷	林一郎	キリマンジャロ	コーヒー	1,000	30	
13	6月17日	新宿	竹田誠一	キリマンジャロ	コーヒー	1,000	20	
14	6月18日	原宿	杉山恵美	キリマンジャロ	コーヒー	1,000	10	
15	6月22日	渋谷	木村健三	アールグレイ	紅茶	1,000	40	
16	6月23日	品川	畑山圭子	アールグレイ	紅茶	1,000	50	
17	6月24日	渋谷	林一郎	モカ	コーヒー	1,500	20	
18	6月29日	新宿	有川修二	モカ	コーヒー	1,500	10	
19	7月1日	品川	佐藤貴子	モカ	コーヒー	1,500	45	
20	7月6日	原宿	鈴木大河	オリジナルブレンド	コーヒー	1,800	30	
21	7月8日	渋谷	木村健三	アールグレイ	紅茶	1,000	20	
22	7月9日	原宿	鈴木大河	ダージリン	紅茶	1,200	10	
23	7月10日	原宿	鈴木大河	アールグレイ	紅茶	1,000	50	
24	7月13日	品川	畑山圭子	モカ	コーヒー	1,500	30	
25	7月14日	品川	佐藤貴子	モカ	コーヒー	1,500	50	
26	7月15日	渋谷	林一郎	オリジナルブレンド	コーヒー	1,800	30	
27	7月16日	新宿	河上友也	アップル	紅茶	1,600	50	
28	7月17日	渋谷	林一郎	キリマンジャロ	コーヒー	1,000	40	
29	7月20日	新宿	河上友也	アールグレイ	紅茶	1,000	30	
30	7月21日	原宿	杉山恵美	キリマンジャロ	コーヒー	1,000	20	
31	7月22日	原宿	杉山恵美	モカ	コーヒー	1,500	10	
32	7月23日	渋谷	木村健三	アールグレイ	紅茶	1,000	20	
33	7月24日	品川	畑山圭子	アールグレイ	紅茶	1,000	50	
34	7月24日	品川	佐藤貴子	モカ	コーヒー	1,500	40	
35	7月28日	新宿	竹田誠一	オリジナルブレンド	コーヒー	1,800	30	
36	7月29日	新宿	有川修二	モカ	コーヒー	1,500	20	
37	7月30日	原宿	杉山恵美	キリマンジャロ	コーヒー	1,000	10	
38	7月31日	渋谷	木村健三	アールグレイ	紅茶	1,000	20	

売上表

Hint!

- タイトル　：フォントサイズ「**20**」・太字・フォントの色「**オレンジ、アクセント2**」
- 項目　　　：フォントサイズ「**12**」・太字・塗りつぶしの色「**オレンジ、アクセント2、白＋基本色60%**」
- 桁区切りスタイル
- A列とE列：最適値の列の幅

Advice

- 本書では、2020/6/1～2020/7/31までの日付データを入力しています。

ブックに「**Lesson7**」と名前を付けて保存しましょう。
「**Lesson22**」で使います。

Lesson 8 第1章 売上集計表

PDF 解答 ▶ P.7

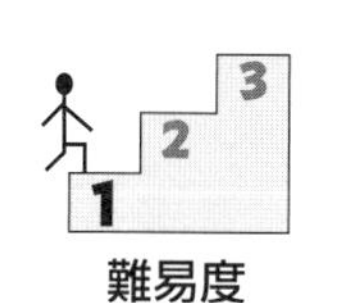
難易度

File 新しいブックを作成しましょう。

表を作成しましょう。

	A	B	C	D	E	F	G	H	I
1	週替わり弁当売上表								
2									
3	販売数								
4								単位：個	
5		駅前店	学園前店	公園前店	高松店	並木通店	ポプラ店	合計	
6	第1週	195	80	55	48	55	102		
7	第2週	160	120	80	78	47	121		
8	第3週	120	100	60	54	65	95		
9	第4週	100	53	75	60	98	84		
10	合計								
11									

Hint!

- タイトル　：フォントサイズ「16」・太字
- セル【A3】：太字・塗りつぶしの色「**青、アクセント5**」・フォントの色「**白、背景1**」
- セル範囲【A5：H5】とセル範囲【A6：A10】：塗りつぶしの色「**薄い灰色、背景2**」

Advice

- 「**第1週**」～「**第4週**」は、オートフィルを使って入力すると効率的です。

ブックに「**Lesson8**」と名前を付けて保存しましょう。
「**Lesson24**」で使います。

第1章 第2章 第3章 第4章 第5章 第6章 第7章 第8章 第9章 総合問題

Lesson 9 第1章 身体測定結果

解答 ▶ P.7

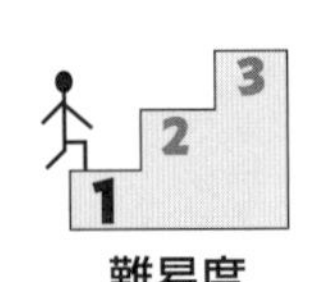
難易度

新しいブックを作成しましょう。

表を作成しましょう。

	A	B	C	D
1	*身体測定結果*			
2				
3	名前	身長（cm）	体重（kg）	
4	青山　武史（アオヤマ　タケシ）	166.4	55.4	
5	秋田　圭介（アキタ　ケイスケ）	165.9	55.3	
6	阿部　次郎（アベ　ジロウ）	167.7	57.3	
7	伊藤　浩輔（イトウ　コウスケ）	167.6	58.0	
8	上村　隆（ウエムラ　タカシ）	169.6	61.7	
9	内川　滋（ウチカワ　シゲル）	168.4	60.6	
10	遠藤　秀一（エンドウ　シュウイチ）	166.5	55.0	
11	小田　英彦（オダ　ヒデヒコ）	169.0	60.5	
12	三枝　誠（サエグサ　マコト）	168.5	60.2	
13	鈴木　克己（スズキ　カツミ）	167.2	57.9	
14	高井　勝（タカイ　マサル）	168.0	59.5	
15	田中　真一（タナカ　シンイチ）	170.0	62.2	
16	戸田　圭吾（トダ　ケイゴ）	167.8	57.8	
17	長田　照秋（ナガタ　テルアキ）	168.6	60.4	
18	橋本　政則（ハシモト　マサノリ）	170.6	62.5	
19	花井　和人（ハナイ　カズト）	169.5	61.0	
20	細野　準（ホソノ　ジュン）	166.4	54.5	
21	平均			
22				
23				

Hint!

- タイトル　：フォントサイズ「**14**」・太字
- 項目　：太字・塗りつぶしの色「**白、背景1、黒＋基本色15%**」
- セル範囲【**B4：C20**】：小数点以下第1位の表示形式
- A列～C列　：最適値の列の幅
- セル範囲【**A4：A20**】：フリガナの表示

ブックに「**Lesson9**」と名前を付けて保存しましょう。
「**Lesson25**」で使います。

スケジュール表

解答 ▶ P.8

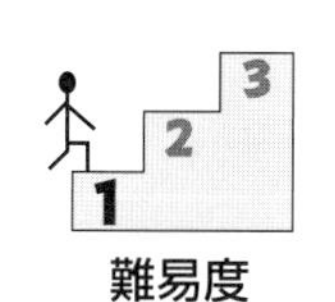

難易度

新しいブックを作成しましょう。

表を作成しましょう。

	A	B	C	D	E	F	G
1							
2					2020	年	
3					12	月	
4							
5	日付	曜日	予定				
6			みんな	父	母	私	
7							
8							
9							
10							
11							
12							
13							
14							
15							
16							
17							
18							
19							
20							
21							
22							
23							
24							
25							
26							
27							
28							
29							
30							
31							
32							
33							
34							
35							
36							
37							
38							

Hint!

- セル範囲【E2：F3】：フォントサイズ「**14**」・太字・フォントの色「**青、アクセント5**」
- 項目：フォントサイズ「**12**」・太字・塗りつぶしの色「**青、アクセント5、白+基本色60%**」
- A列：列の幅「**10**」
- B列：列の幅「**6**」
- C列：列の幅「**20**」
- D列～F列：列の幅「**15**」

ブックに「**Lesson10**」と名前を付けて保存しましょう。
「**Lesson32**」で使います。

Lesson 11 第1章 模擬試験成績表

PDF 解答 ▶ P.8

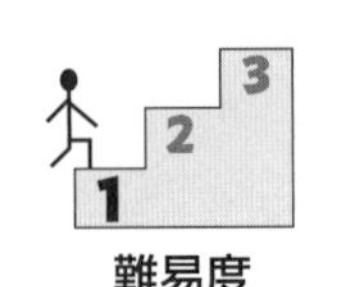

新しいブックを作成しましょう。

表を作成しましょう。

	A	B	C	D	E	F	G	H
1	模擬試験成績表							
2								
3	10月13日実施							
4	氏名	国語	数学	英語	合計	評価	順位	
5	大木　香織	63	75	86				
6	山城　健	74	63	64				
7	中田　健司	55	60	66				
8	久賀　慶	62	60	50				
9	牧野　弘一	97	70	89				
10	富田　詩織	55	60	58				
11	栗原　真紀	60	96	50				
12	佐藤　ゆかり	70	55	62				
13	関口　良	64	63	50				
14	松野　浩二	55	53	64				
15	浅見　真人	58	65	98				
16	佐々木　純	60	60	60				
17	吉本　俊哉	70	57	62				
18	芝　総一郎	55	70	58				
19	清水　由子	64	52	60				
20	平均							
21	最高							
22	最低							
23								

成績表

Hint!

- タイトル：フォントサイズ「16」・太字
- 項目　：太字
- A列　：列の幅「13」
- 氏名　：インデント「1」

ブックに「Lesson11」と名前を付けて保存しましょう。
「Lesson30」で使います。

Lesson 12 第1章 商品券発行リスト

解答 ▶ P.9

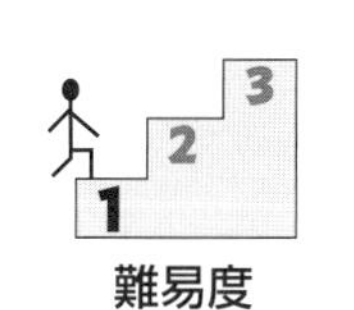
難易度

新しいブックを作成しましょう。

表を作成しましょう。

	A	B	C	D	E	F	G
1	商品券発行リスト						
2							
3	◆お客様リスト◆				◆換算表◆		
4	(購入金額に応じた商品券金額)						
5	氏名	購入金額	商品券		購入金額	商品券	
6	伊藤　義男	152,000			0	0	20万円未満
7	今村　まゆ	356,000			200,000	1,000	20万円以上30万円未満
8	岡山　奈津	541,000			300,000	2,500	30万円以上50万円未満
9	川原　英樹	290,000			500,000	4,000	50万円以上70万円未満
10	小林　啓三	620,000			700,000	5,500	70万円以上
11	坂本　征二	98,000					
12	白井　達也	501,000					
13	鈴木　明子	256,000					
14	高田　みゆき	740,000					
15	辻井　夏帆	85,000					
16	花岡　健一郎	350,000					
17	舟木　香奈子	191,000					
18	松村　文代	821,000					
19	森下　和幸	520,000					
20	山本　創	475,000					
21							

Hint!

- ●タイトル　：フォントサイズ「**16**」・太字
- ●表のタイトル　：太字
- ●項目　：太字・塗りつぶしの色「**薄い灰色、背景2**」
- ●セル【**A4**】　：フォントサイズ「**9**」・フォントの色「**赤**」
- ●桁区切りスタイル
- ●A列　：列の幅「**13**」
- ●B列とE列　：列の幅「**10**」
- ●G列　：最適値の列の幅

Advice

- 「**◆**」は「**しかく**」と入力して変換します。

ブックに「**Lesson12**」と名前を付けて保存しましょう。
「**Lesson31**」で使います。

Lesson 13 第1章 アルバイト勤務表

難易度

新しいブックを作成しましょう。

表を作成しましょう。

	A	B	C	D	E	F	G	H	I	J	K
1	アルバイト勤務表										
2											
3	フリガナ										
4	氏名		森山　義明								
5											
6	月日	曜日	出勤		退勤	勤務時間	日給		時給	¥1,200	
7	11月1日	日	16:00	～	19:30				勤務日数		
8	11月2日	月		～							
9	11月3日	火	16:00	～	20:00						
10	11月4日	水	16:00	～	19:30						
11	11月5日	木		～							
12	11月6日	金	16:00	～	20:00						
13	11月7日	土	17:00	～	20:00						
14	11月8日	日		～							
15	11月9日	月		～							
16	11月10日	火	16:30	～	21:00						
17	11月11日	水	16:30	～	21:00						
18	11月12日	木		～							
19	11月13日	金	16:30	～	21:00						
20	11月14日	土	16:30	～	21:00						
21	11月15日	日		～							
22	11月16日	月		～							
23	11月17日	火		～							
24	11月18日	水	17:00	～	20:30						
25	11月19日	木		～							
26	11月20日	金		～							
27	11月21日	土	16:30	～	21:00						
28	11月22日	日		～							
29	11月23日	月		～							
30	11月24日	火	17:30	～	21:00						
31	11月25日	水	17:30	～	21:00						
32	11月26日	木		～							
33	11月27日	金	17:30	～	21:00						
34	11月28日	土		～							
35	11月29日	日		～							
36	11月30日	月		～							
37						支給金額					

森山

Hint!

- タイトル　：フォントサイズ「**12**」・太字
- 項目　：太字・塗りつぶしの色「**青、アクセント1**」・フォントの色「**白、背景1**」
- 通貨表示形式
- B列　：最適値の列の幅
- D列　：列の幅「**4**」
- F列～G列　：列の幅「**10**」

Advice

- 「**～**」は「**から**」と入力して変換します。

ブックに「**Lesson13**」と名前を付けて保存しましょう。
「**Lesson34**」で使います。

Lesson 14 第1章 案内状

解答 ▶ P.11

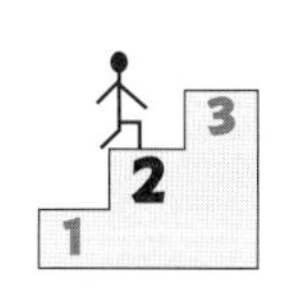

難易度

新しいブックを作成しましょう。

表を作成しましょう。

	A	B	C	D	E	F	G	H
1							2020年7月1日	
2	緑山　幸太郎　様							
3						アジアンタムハウス		
4						〒220-0005		
5						横浜市西区南幸X-X		
6						TEL：045-317-XXXX		
7						FAX：045-317-XXXX		
8								
9				新築分譲マンションのご案内				
10								
11	時下ますますご清祥の段、お慶び申し上げます。日頃は大変お世話になっております。							
12	ご希望の条件でお調べしました結果、次の物件がございました。							
13	各物件、モデルルームを公開しております。							
14	ご案内させていただきますので、ぜひご連絡ください。お待ちしております。							
15						担当：		
16								
17	物件名	沿線	最寄駅	徒歩（分）	販売価格（万円）	間取り	面積（㎡）	
18	アイビー横浜海岸通り	京浜東北線	関内	10	6,880	3LDK	72	
19	オーガスタ戸塚	東海道本線	戸塚	15	4,380	2LDK	50	
20	横浜山手プラッサイア	根岸線	山手	12	5,690	2LDK	52	
21	ホリスガーデン川崎	東海道本線	川崎	10	4,600	2LDK	54	
22	川崎モンステラ	東海道本線	川崎	15	4,710	2LDK	52	
23								

案内状

Hint!

- ●セル【A2】　：フォントサイズ「**14**」・太字・ユーザー定義の表示形式「**□様**」
- ●桁区切りスタイル
- ●セル【F3】　：フォントサイズ「**12**」・太字・フォントの色「**濃い赤**」
- ●タイトル　：フォントサイズ「**12**」・太字
- ●項目　：太字
- ●A列　：列の幅「**20**」
- ●B列とD列　：列の幅「**10**」
- ●C列とF列　：列の幅「**7**」
- ●E列　：列の幅「**15**」
- ●G列　：列の幅「**13**」

Advice

- 「**〒**」は「**ゆうびん**」と入力して変換します。
- 「**㎡**」は「**へいほうめーとる**」と入力して変換します。
- ユーザー定義の表示形式「**□様**」の□は全角空白を表します。

ブックに「**Lesson14**」と名前を付けて保存しましょう。
「**Lesson38**」で使います。

お見積書

解答 ▶ P.12

難易度

新しいブックを作成しましょう。

表を作成しましょう。

	A	B	C	D	E	F
1						
2					No.0100	
3	お見積書					
4						
5	お名前	高島恵子　様				
6	ご住所	東京都杉並区清水X-X-X				
7	お電話番号	03-3311-XXXX				
8				エフオーエム家具株式会社		
9				〒105-0022　東京都港区海岸X-X		
10				03-5401-XXXX		
11						
12	平素よりご用命を賜りまして厚く御礼申し上げます。					
13	以下のとおり、お見積りさせていただきます。					
14						
15						
16	合計金額					
17						
18	明細					
19	商品番号	商品名	販売価格	数量	金額	
20						
21						
22						
23						
24						
25			小計			
26			消費税	10%		
27			合計			
28						

お見積書

Hint!

- ●タイトル　：セルのスタイル「**タイトル**」
- ●項目　：セルのスタイル「**薄い灰色、20%-アクセント3**」・太字
- ●セル範囲【**C25：D25**】とセル範囲【**C27：D27**】：横方向に結合
- ●セル範囲【**A16：B16**】　：フォントサイズ「**14**」・太字
- ●セル【**B5**】　：ユーザー定義の表示形式「**□様**」
- ●A列とC列　：列の幅「**11**」
- ●B列　：最適値の列の幅
- ●E列　：列の幅「**19**」

ブックに「**Lesson15**」と名前を付けて保存しましょう。
「**Lesson29**」で使います。

第1章

試験結果

解答 ▶ P.13

難易度

新しいブックを作成しましょう。

表を作成しましょう。

	A	B	C	D	E	F	G
1	試験結果(10月)						
2							
3	生徒番号	氏名	国語	英語	小論文	合計	
4	1	佐藤　結衣	73	40	89		
5	2	浜崎　愛美	50	25	87		
6	3	中岡　早紀	45	20	85		
7	4	江原　香	30	87	45		
8	5	佐々木　理紗	87	86	81		
9	6	中田　優香	40	35	79		
10	7	内田　恵	40	84	77		
11	8	伊東　麻里	84	83	40		
12	9	内村　雅和	40	40	25		
13	10	矢野　伸輔	25	30	20		
14	11	若村　隆司	90	92	95		
15	12	岡田　祐樹	25	25	35		
16	13	高田　浩之	79	78	65		
17	14	篠田　伸吾	19	15	25		
18	15	大木　祐輔	35	76	61		
19	16	岡村　亮介	76	75	59		
20	17	加藤　良孝	75	74	57		
21	18	中田　涼子	74	73	55		
22	19	上田　慎一	73	30	53		
23	20	安田　恭子	72	71	51		
24	21	吉村　大樹	71	70	49		
25	22	平田　秀明	70	69	47		
26	23	中村　美紗	69	68	45		
27	24	谷口　弘樹	68	55	43		
28	25	村田　雄輝	67	20	41		
29	26	上原　有紀	89	100	97		
30	27	井上　桃子	65	15	37		
31	28	夏川　彩菜	92	95	89		
32	29	吉田　千亜妃	63	62	33		
33	30	田村　すずえ	62	40	90		

成績表

Hint!

- タイトル：フォント「**MSPゴシック**」・フォントの色「**緑、アクセント6**」
- タイトルの「**試験結果**」：フォントサイズ「**18**」
- 罫線：色「**緑、アクセント6**」
- 項目：太字・塗りつぶしの色「**緑、アクセント6、白+基本色60%**」
- B列：最適値の列の幅

Advice

- セルを編集状態にすると、セル内の一部の文字列に対して書式を設定できます。

ブックに「**Lesson16**」と名前を付けて保存しましょう。
「**Lesson33**」で使います。

Lesson 17 第1章 返済プラン

PDF 解答 ▶ P.13

難易度

新しいブックを作成しましょう。

表を作成しましょう。

	A	B	C	D	E	F
1	受講料返済プラン					
2						
3	年利	3.50%				
4	支払日	0	※月初は「1」、月末は「0」を入力			
5						
6	レベル： 初級					
7	返済期間	グループ12人	グループ8人	少人数4人	マンツーマン	
8		¥120,000	¥240,000	¥360,000	¥456,000	
9	6か月					
10	12か月					
11	24か月					
12						
13						

返済プラン

Hint!

- タイトル　：フォントサイズ「**14**」・太字
- 項目　：太字
- セル【**C4**】　：フォントサイズ「**9**」
- 通貨表示形式
- セル【**A6**】　：ユーザー定義の表示形式「**レベル：□**」
- セル範囲【**A9：A11**】：ユーザー定義の表示形式「**か月**」
- A列～E列　：列の幅「**12**」

ブックに「**Lesson17**」と名前を付けて保存しましょう。
「**Lesson35**」で使います。

Lesson 18 積立プラン

難易度

新しいブックを作成しましょう。

表を作成しましょう。

	A	B	C	D	E	F
1	**旅行費用積立プラン**					
2						
3	**年利**	1.85%				
4	**頭金**	¥-5,000				
5	**支払日**	0	※月初は「1」、月末は「0」を入力			
6						
7	**毎月の支払額**	**プランA**	**プランB**	**プランC**	**プランD**	
8		6か月コース	12か月コース	18か月コース	24か月コース	
9	¥-3,000					
10	¥-5,000					
11	¥-7,000					
12	¥-10,000					
13						
14						

積立プラン

Hint!

- タイトル　：フォントサイズ「**14**」・太字
- 項目　：太字
- セル【**C5**】　：フォントサイズ「**9**」
- 通貨表示形式
- セル範囲【**B8:E8**】：ユーザー定義の表示形式「**か月コース**」
- A列～E列　：列の幅「**13**」

ブックに「**Lesson18**」と名前を付けて保存しましょう。
「**Lesson36**」で使います。

Lesson 19 第1章 セミナーアンケート結果

解答▶P.15

難易度

新しいブックを作成しましょう。

表を作成しましょう。

	A	B	C	D	E	F	G
1	体験セミナーアンケート結果						
2							
3	回答者	性別	お店の数	体験時間	感想	次回のイベント	
4	T050	男	多い	長い	つまらない	不参加	
5	T051	女	普通	普通	楽しい	参加	
6	T052	女	少ない	長い	楽しい	参加	
7	T053	女	少ない	短い	楽しい	参加	
8	T054	男	少ない	長い	楽しい	参加	
9	T055	女	多い	普通	楽しい	参加	
10	T056	女	少ない	長い	楽しい	参加	
11	T057	男	多い	長い	つまらない	不参加	
12	T058	女	普通	長い	楽しい	参加	
13	T059	男	多い	普通	楽しい	参加	
14	T060	男	普通	長い	楽しい	不参加	
15	T061	男	少ない	短い	つまらない	不参加	
16	T062	女	多い	短い	つまらない	不参加	
17	T063	男	普通	普通	楽しい	参加	
18	T064	女	普通	普通	楽しい	参加	
19	T065	女	少ない	長い	楽しい	参加	
20	T066	女	多い	短い	楽しい	参加	
21	T067	女	少ない	普通	楽しい	参加	
22	T068	女	多い	普通	楽しい	参加	
23	T069	女	多い	普通	楽しい	不参加	
24	T070	女	普通	普通	楽しい	参加	
25	T071	女	多い	長い	楽しい	参加	
26							

Hint!

- タイトル：フォントサイズ「**16**」・太字
- 項目：太字・塗りつぶしの色「**青、アクセント5、白+基本色60%**」
- セル範囲【**A4：A25**】：入力規則「**日本語入力オフ**」
- セル範囲【**B4：F25**】：入力規則「**日本語入力オン**」
- B列～F列：最適値の列の幅

Advice

- 入力規則を使って、セルを選択したときに日本語入力システムの入力モードが切り替わるように設定します。

ブックに「**Lesson19**」と名前を付けて保存しましょう。
「**Lesson43**」で使います。

Lesson 20 支店別売上表

解答 ▶ P.15

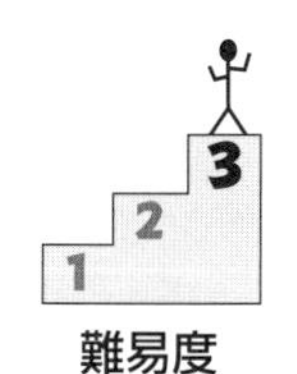
難易度

新しいブックを作成しましょう。

表を作成しましょう。

	A	B	C	D	E	F	G	H	I
1	支店別売上表								
2								単位：円	
3	支店	部署	上期予算	4月	5月	6月	合計	1Q達成率（%）	
4	関東	第1営業課	1,050,000	160,000	190,000	170,000			
5		第2営業課	900,000	230,000	120,000	95,000			
6	東海	第1営業課	750,000	123,000	114,000	125,000			
7		第2営業課	450,000	98,000	56,000	78,500			
8	関西	第1営業課	900,000	120,000	190,000	180,000			
9		第2営業課	700,000	220,000	81,000	62,000			
10	合計								
11									
12									
13									

支店別売上表

Hint!

- タイトル ：フォントサイズ「20」・太字
- 項目 ：パターンの色「緑、アクセント6」・パターンの種類「実線 右下がり斜線 縞」
- 桁区切りスタイル
- B列とH列 ：最適値の列の幅

Advice

- 「第1営業課」～「第2営業課」はオートフィルを使って入力し、同じ部署名はコピーして入力すると効率的です。

ブックに「Lesson20」と名前を付けて保存しましょう。
「Lesson27」で使います。

Lesson 21 第1章

観測記録

解答 ▶ P.16

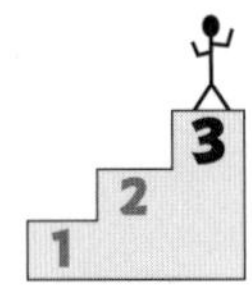

難易度

新しいブックを作成しましょう。

表を作成しましょう。

	A	B	C	D	E	F	G
1	観測記録						
2					観測地点：京都		
3							
4		気温			湿度	降水量	
5		平均[℃]	最高[℃]	最低[℃]	平均[%]	合計[mm]	
6	1月	4.7	15.9	-2.5	61.0	33.0	
7	2月	6.8	22.1	-1.3	63.0	140.0	
8	3月	8.5	24.6	-0.1	64.0	166.5	
9	4月	12.6	23.5	1.5	59.0	191.5	
10	5月	18.1	30.9	6.9	59.0	203.0	
11	6月	23.7	33.9	14.3	64.0	227.0	
12	7月	27.6	37.4	21.0	67.0	425.0	
13	8月	30.1	37.5	24.0	62.0	175.0	
14	9月	25.9	38.1	14.4	62.0	219.0	
15	10月	19.1	28.6	7.8	69.0	160.0	
16	11月	11.8	20.1	2.5	67.0	15.0	
17	12月	7.5	20.3	-1.3	67.0	106.0	
18	平均						
19	最高						
20	最低						
21							

Hint!

- タイトル　：フォントサイズ「**16**」・太字・フォントの色「**ブルーグレー、テキスト2**」
- 項目　：塗りつぶしの色「**青、アクセント5、白＋基本色80%**」
- セル範囲【**B6：F17**】：小数点以下第1位の表示形式

Advice

- 「**℃**」は「**ど**」と入力して変換します。
- セル範囲【**A4：A20**】の右側の罫線を太線にします。《**ホーム**》タブ→《**フォント**》グループの（下罫線）の→《**線のスタイル**》を使うと、鉛筆で線を引く感覚で罫線を引くことができます。
- セル【**A4**】の下の罫線を削除します。《**ホーム**》タブ→《**フォント**》グループの（下罫線）の→《**罫線の削除**》を使うと、消しゴムで線を消す感覚で罫線を削除できます。
- 罫線の作成や削除を終了する場合は、Esc を押します。

ブックに「**Lesson21**」と名前を付けて保存しましょう。
「**Lesson26**」で使います。

よくわかる

第2章 Chapter 2

数式と関数を使いこなして計算する

Lesson 22 第2章 売上一覧表

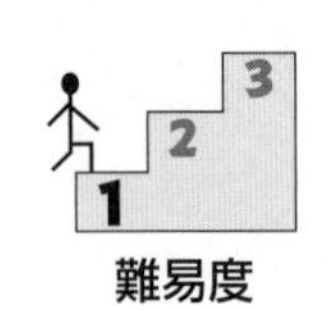

ブック「**Lesson7**」を開きましょう。

数式を入力しましょう。

売上一覧表

番号	日付	店名	担当者	商品名	分類	単価	数量	売上高
1	6月1日	原宿	鈴木大河	ダージリン	紅茶	1,200	30	36,000
2	6月2日	新宿	有川修二	キリマンジャロ	コーヒー	1,000	30	30,000
3	6月3日	新宿	有川修二	ダージリン	紅茶	1,200	20	24,000
4	6月4日	新宿	竹田誠一	ダージリン	紅茶	1,200	50	60,000
5	6月5日	新宿	河上友也	アップル	紅茶	1,600	40	64,000
6	6月5日	渋谷	木村健三	アップル	紅茶	1,600	20	32,000
7	6月8日	原宿	鈴木大河	ダージリン	紅茶	1,200	10	12,000
8	6月10日	品川	畑山圭子	キリマンジャロ	コーヒー	1,000	20	20,000
9	6月11日	新宿	有川修二	アールグレイ	紅茶	1,000	50	50,000
10	6月12日	原宿	鈴木大河	アールグレイ	紅茶	1,000	50	50,000
11	6月12日	品川	佐藤貴子	オリジナルブレンド	コーヒー	1,800	20	36,000
12	6月16日	渋谷	林一郎	キリマンジャロ	コーヒー	1,000	30	30,000
13	6月17日	新宿	竹田誠一	キリマンジャロ	コーヒー	1,000	20	20,000
14	6月18日	原宿	杉山恵美	キリマンジャロ	コーヒー	1,000	10	10,000
15	6月22日	渋谷	木村健三	アールグレイ	紅茶	1,000	40	40,000
16	6月23日	品川	畑山圭子	アールグレイ	紅茶	1,000	50	50,000
17	6月24日	渋谷	林一郎	モカ	コーヒー	1,500	20	30,000
18	6月29日	新宿	有川修二	モカ	コーヒー	1,500	10	15,000
19	7月1日	品川	佐藤貴子	モカ	コーヒー	1,500	45	67,500
20	7月6日	原宿	鈴木大河	オリジナルブレンド	コーヒー	1,800	30	54,000
21	7月8日	渋谷	木村健三	アールグレイ	紅茶	1,000	20	20,000
22	7月9日	原宿	鈴木大河	ダージリン	紅茶	1,200	10	12,000
23	7月10日	原宿	鈴木大河	アールグレイ	紅茶	1,000	50	50,000
24	7月13日	品川	畑山圭子	モカ	コーヒー	1,500	30	45,000
25	7月14日	品川	佐藤貴子	モカ	コーヒー	1,500	50	75,000
26	7月15日	渋谷	林一郎	オリジナルブレンド	コーヒー	1,800	30	54,000
27	7月16日	新宿	河上友也	アップル	紅茶	1,600	50	80,000
28	7月17日	渋谷	林一郎	キリマンジャロ	コーヒー	1,000	40	40,000
29	7月20日	新宿	河上友也	アールグレイ	紅茶	1,000	30	30,000
30	7月21日	原宿	杉山恵美	キリマンジャロ	コーヒー	1,000	20	20,000
31	7月22日	原宿	杉山恵美	モカ	コーヒー	1,500	10	15,000
32	7月23日	渋谷	木村健三	アールグレイ	紅茶	1,000	20	20,000
33	7月24日	品川	畑山圭子	アールグレイ	紅茶	1,000	50	50,000
34	7月24日	品川	佐藤貴子	モカ	コーヒー	1,500	40	60,000
35	7月28日	新宿	竹田誠一	オリジナルブレンド	コーヒー	1,800	30	54,000
36	7月29日	新宿	有川修二	モカ	コーヒー	1,500	20	30,000
37	7月30日	原宿	杉山恵美	キリマンジャロ	コーヒー	1,000	10	10,000
38	7月31日	渋谷	木村健三	アールグレイ	紅茶	1,000	20	20,000

売上表

●桁区切りスタイル

Advice

- オートフィルを使って、数式をコピーできます。隣接するセルにデータが入力されている場合は、ダブルクリックすると効率的です。

ブックに「**Lesson22**」と名前を付けて保存しましょう。
「**Lesson47**」、「**Lesson68**」、「**Lesson70**」、「**Lesson71**」、「**Lesson72**」で使います。

Lesson 23 第2章 送付先リスト

解答 ▶ P.18

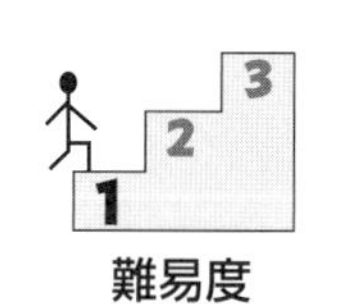

ブック「Lesson6」を開きましょう。

数式を入力しましょう。

	A	B	C	D	E	F
1	案内状送付先リスト					
2						
3	姓	名	氏名	郵便番号	住所	
4	川原	香織	川原　香織	105-0002	東京都港区愛宕X-X-X	
5	坂本	利雄	坂本　利雄	112-0001	東京都文京区白山X-X-X	
6	山本	亮子	山本　亮子	135-0013	東京都江東区千田X-X-X	
7	白井	茜	白井　茜	112-0003	東京都文京区春日X-X-X	
8	花岡	純一	花岡　純一	140-0002	東京都品川区東品川X-X-X	
9	谷山	徹	谷山　徹	116-0012	東京都荒川区東尾久X-X-X	
10	森下	秋彦	森下　秋彦	160-0001	東京都新宿区片町X-X-X	
11	伊藤	健	伊藤　健	105-0011	東京都港区芝公園X-X-X	
12	大泉	信也	大泉　信也	170-0012	東京都豊島区上池袋X-X-X	
13	小林	智美	小林　智美	112-0012	東京都文京区大塚X-X-X	
14				件数	10件	
15						
16						
17						

Sheet1

Hint!

- クイック分析（データの個数）
- セル【E14】：ユーザー定義の表示形式「件」

Advice

- クイック分析を使うと、条件付き書式を設定したり、グラフを作成したり、データの個数を求めたりすることができます。

ブックに「Lesson23」と名前を付けて保存しましょう。

Lesson 24 第2章 売上集計表

解答 ▶ P.18

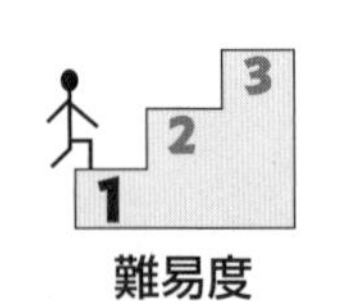

難易度

ブック「Lesson8」を開きましょう。

数式と関数を入力しましょう。

	A	B	C	D	E	F	G	H	I
1	週替わり弁当売上表								
2									
3	販売数								
4								単位：個	
5		駅前店	学園前店	公園前店	高松店	並木通店	ポプラ店	合計	
6	第1週	195	80	55	48	55	102	535	
7	第2週	160	120	80	78	47	121	606	
8	第3週	120	100	60	54	65	95	494	
9	第4週	100	53	75	60	98	84	470	
10	合計	575	353	270	240	265	402	2,105	
11									
12									
13	売上額								
14									
15	単価	¥580							
16								単位：円	
17		駅前店	学園前店	公園前店	高松店	並木通店	ポプラ店	合計	
18	第1週	113,100	46,400	31,900	27,840	31,900	59,160	310,300	
19	第2週	92,800	69,600	46,400	45,240	27,260	70,180	351,480	
20	第3週	69,600	58,000	34,800	31,320	37,700	55,100	286,520	
21	第4週	58,000	30,740	43,500	34,800	56,840	48,720	272,600	
22	合計	333,500	204,740	156,600	139,200	153,700	233,160	1,220,900	
23									
24									
25									
26									
27									

Sheet1

Hint!

●桁区切りスタイル
●セル【A15】：セル【B17】と同じ書式
●通貨表示形式
●絶対参照

Advice

- 縦横の合計を一度に求めると効率的です。
- 販売数の表をコピーして、売上額の表を作成すると効率的です。
- 単価の行は空白行を挿入して作成します。行を挿入すると、上の行の書式がコピーされますが、挿入オプションを使ってクリアできます。
- ほかのセルと同じ書式を設定する場合、（書式のコピー/貼り付け）を使うと効率的です。
- 売上額は、**「単価×販売数」**を使って表示します。
- **「$」**は直接入力してもかまいませんが、F4 を使うと簡単に入力できます。
  F4 を連続して押すと、「**「B15」**（行列ともに固定）、**「B$15」**（行だけ固定）、**「$B15」**（列だけ固定）、**「B15」**（固定しない）」の順番で切り替わります。

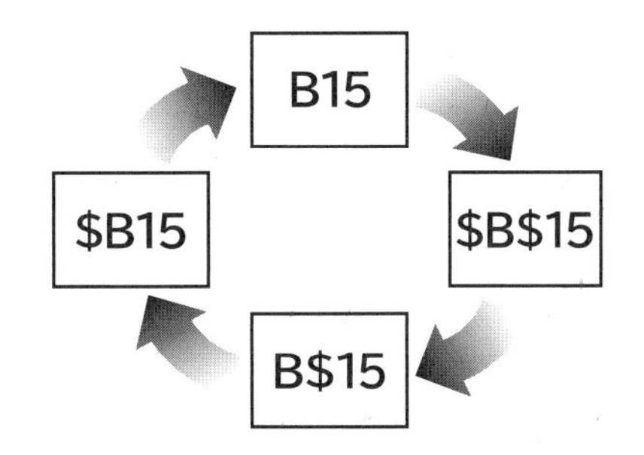

ブックに**「Lesson24」**と名前を付けて保存しましょう。
「Lesson48」と**「Lesson58」**で使います。

Lesson 25 第2章

身体測定結果

解答 ▶ P.19

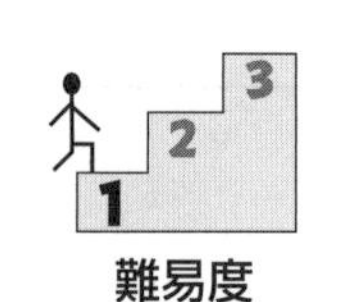

難易度

ブック「**Lesson9**」を開きましょう。

関数を入力しましょう。

	A	B	C	D
1	*身体測定結果*			
2				
3	**名前**	**身長（cm）**	**体重（kg）**	
4	青山　武史	166.4	55.4	
5	秋田　圭介	165.9	55.3	
6	阿部　次郎	167.7	57.3	
7	伊藤　浩輔	167.6	58.0	
8	上村　隆	169.6	61.7	
9	内川　滋	168.4	60.6	
10	遠藤　秀一	166.5	55.0	
11	小田　英彦	169.0	60.5	
12	三枝　誠	168.5	60.2	
13	鈴木　克己	167.2	57.9	
14	高井　勝	168.0	59.5	
15	田中　真一	170.0	62.2	
16	戸田　圭吾	167.8	57.8	
17	長田　照秋	168.6	60.4	
18	橋本　政則	170.6	62.5	
19	花井　和人	169.5	61.0	
20	細野　準	166.4	54.5	
21	**平均**	*168.1*	*58.8*	
22				
23				

File ブックに「**Lesson25**」と名前を付けて保存しましょう。
「**Lesson50**」で使います。

第2章

観測記録

解答 ▶ P.19

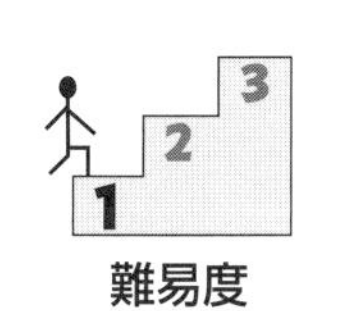

難易度

ブック「Lesson21」を開きましょう。

関数を入力しましょう。

	A	B	C	D	E	F	G
1	観測記録						
2					観測地点：京都		
3							
4		気温			湿度	降水量	
5		平均[℃]	最高[℃]	最低[℃]	平均[%]	合計[mm]	
6	1月	4.7	15.9	-2.5	61.0	33.0	
7	2月	6.8	22.1	-1.3	63.0	140.0	
8	3月	8.5	24.6	-0.1	64.0	166.5	
9	4月	12.6	23.5	1.5	59.0	191.5	
10	5月	18.1	30.9	6.9	59.0	203.0	
11	6月	23.7	33.9	14.3	64.0	227.0	
12	7月	27.6	37.4	21.0	67.0	425.0	
13	8月	30.1	37.5	24.0	62.0	175.0	
14	9月	25.9	38.1	14.4	62.0	219.0	
15	10月	19.1	28.6	7.8	69.0	160.0	
16	11月	11.8	20.1	2.5	67.0	15.0	
17	12月	7.5	20.3	-1.3	67.0	106.0	
18	平均	16.4	27.7	7.3	63.7	171.8	
19	最高	30.1	38.1	24.0	69.0	425.0	
20	最低	4.7	15.9	-2.5	59.0	15.0	
21							
22							

ブックに「Lesson26」と名前を付けて保存しましょう。
「Lesson46」で使います。

Lesson 27 第2章 支店別売上表

解答 ▶ P.19

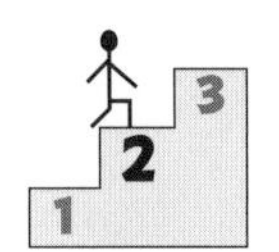

難易度

ブック「**Lesson20**」を開きましょう。

関数を入力しましょう。

	A	B	C	D	E	F	G	H	I
1	支店別売上表								
2								単位：円	
3	支店	部署	上期予算	4月	5月	6月	合計	1Q達成率（%）	
4	関東	第1営業課	1,050,000	160,000	190,000	170,000	520,000	49.5	
5		第2営業課	900,000	230,000	120,000	95,000	445,000	49.4	
6	東海	第1営業課	750,000	123,000	114,000	125,000	362,000	48.2	
7		第2営業課	450,000	98,000	56,000	78,500	232,500	51.6	
8	関西	第1営業課	900,000	120,000	190,000	180,000	490,000	54.4	
9		第2営業課	700,000	220,000	81,000	62,000	363,000	51.8	
10	合計		4,750,000	951,000	751,000	710,500	2,412,500	50.7	
11									
12									
13									

支店別売上表

Hint!

● 1Q達成率：小数点以下第1位で切り捨て

Advice

- 関数を使ってG列に、4月から6月までの合計を求めると、隣接している「**上期予算**」の数値が含まれないため、セルの左上に［ ］（エラーインジケーター）が表示されます。［!］を使って、非表示にします。
- 切り捨てを行う関数は、「**=ROUNDDOWN(数値, 桁数)**」です。
- 達成率は、「**合計÷予算×100**」を使って表示します。

ブックに「**Lesson27**」と名前を付けて保存しましょう。
「**Lesson45**」と「**Lesson51**」で使います。

Lesson 28 第2章 新商品アンケート集計

解答 ▶ P.19

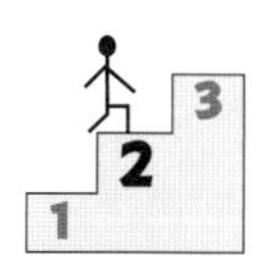

難易度

ブック「Lesson5」を開きましょう。

関数を入力しましょう。

	A	B	C	D	E	F	G	H	I
1	新商品「マカロンシュー」アンケート集計								
2									
3	回答					アンケート内容			
4	番号	質問1	質問2	質問3		質問1　甘さについて			
5	10001	2	1	2		1：甘い	2：ほどよい	3：甘くない	
6	10002	2	2	1					
7	10003	1	1	2		質問2　大きさについて			
8	10004	2	2	1		1：大きい	2：ほどよい	3：小さい	
9	10005	2	3	1					
10	10006	1	3	2		質問3　価格（240円）について			
11	10007	1	1	3		1：高い	2：ほどよい	3：安い	
12	10008	1	3	3					
13	10009	3	2	1					
14	10010	2	2	1					
15									
16	集計								
17		件数							
18	回答	質問1	質問2	質問3					
19	1	4	3	5					
20	2	5	4	3					
21	3	1	3	2					
22									

Advice

- セル範囲内で条件を満たすセルの個数を求める関数は、「=COUNTIF（範囲, 検索条件）」です。
- 複合参照を指定するには、F4 を使うと効率的です。
- セル【B19】に質問1が「1」である回答の件数を求め、数式をコピーします。

ブックに「Lesson28」と名前を付けて保存しましょう。

Lesson 29 第2章 お見積書

解答 ▶ P.19

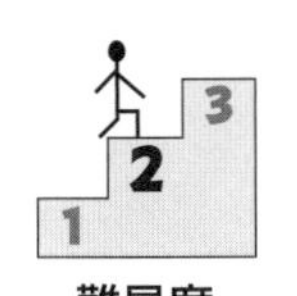

難易度

ブック「Lesson15」を開きましょう。

数式と関数を入力しましょう。

	A	B	C	D	E	F
1					2020年6月1日	
2					No.0100	
3	お見積書					
4						
5	お名前	高島恵子　様				
6	ご住所	東京都杉並区清水X-X-X				
7	お電話番号	03-3311-XXXX				
8				エフオーエム家具株式会社		
9				〒105-0022　東京都港区海岸X-X		
10				03-5401-XXXX		
11						
12	平素よりご用命を賜りまして厚く御礼申し上げます。					
13	以下のとおり、お見積りさせていただきます。					
14						
15						
16	**合計金額**	**¥69,740**				
17						
18	明細					
19	**商品番号**	**商品名**	**販売価格**	**数量**	**金額**	
20	1031	パソコンローデスク	¥19,800	1	¥19,800	
21	2011	座椅子	¥10,000	1	¥10,000	
22	2032	OAチェア（肘掛け付き）	¥16,800	2	¥33,600	
23						
24						
25			**小計**		¥63,400	
26			**消費税**	**10%**	¥6,340	
27			**合計**		¥69,740	
28						
29						

お見積書　商品リスト

	A	B	C	D	E	F
1	<商品リスト>					
2						
3	商品番号	商品名	販売価格			
4	1031	パソコンローデスク	¥19,800			
5	1032	木製パソコンデスク	¥59,800			
6	2011	座椅子	¥10,000			
7	2031	OAチェア	¥12,800			
8	2032	OAチェア（肘掛け付き）	¥16,800			
9						
10						

お見積書　商品リスト

新しいシート「商品リスト」の挿入

シート「商品リスト」

●項目　　：セルのスタイル**「薄い灰色、20%-アクセント3」**・太字

●通貨表示形式

●B列　　：最適値の列の幅

シート「お見積書」

●セル**【E1】**　　：本日の日付を表示

●商品名と販売価格：商品番号を入力すると、商品リストを参照して商品名と販売価格を表示
ただし、商品番号が未入力の場合は何も表示しない

●金額　　：商品番号が未入力の場合は何も表示しない

●セル**【B16】**　　：明細の合計を表示

●通貨表示形式

Advice

- 本日の日付を表示する関数は、**「=TODAY()」**です。
- コードや番号をもとに参照用の表から該当するデータを検索し、表示する関数は、**「=VLOOKUP(検索値，範囲，列番号，検索方法)」**です。
- 商品番号が未入力の場合に何も表示しないようにするには、**「" "」**を指定します。

ブックに**「Lesson29」**と名前を付けて保存しましょう。
「Lesson39」で使います。

第1章 第2章 第3章 第4章 第5章 第6章 第7章 第8章 第9章 総合問題

Lesson 30 第2章 模擬試験成績表

PDF 解答 ▶ P.20

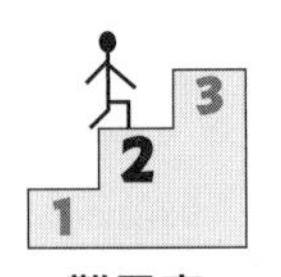

ブック「**Lesson11**」を開きましょう。

関数を入力しましょう。

	A	B	C	D	E	F	G	H
1	**模擬試験成績表**							
2								
3	10月13日実施							
4	**氏名**	**国語**	**数学**	**英語**	**合計**	**評価**	**順位**	
5	大木　香織	63	75	86	224	優	2	
6	山城　健	74	63	64	201	優	5	
7	中田　健司	55	60	66	181	良	9	
8	久賀　慶	62	60	50	172	可	14	
9	牧野　弘一	97	70	89	256	優	1	
10	富田　詩織	55	60	58	173	可	13	
11	栗原　真紀	60	96	50	206	優	4	
12	佐藤　ゆかり	70	55	62	187	良	7	
13	関口　良	64	63	50	177	良	11	
14	松野　浩二	55	53	64	172	可	14	
15	浅見　真人	58	65	98	221	優	3	
16	佐々木　純	60	60	60	180	良	10	
17	吉本　俊哉	70	57	62	189	良	6	
18	芝　総一郎	55	70	58	183	良	8	
19	清水　由子	64	52	60	176	良	12	
20	**平均**	64.1	63.9	65.1	193.2			
21	**最高**	97	96	98	256			
22	**最低**	55	52	50	172			
23								

成績表

Hint!

- 平均：小数点以下第1位の表示形式
- 評価：合計が200点以上であれば**「優」**、175点以上であれば**「良」**、174点以下であれば**「可」**を表示
- 順位：**「合計」**の得点が高い順に順位を表示
  ただし、同じ得点の場合は、同じ順位として最上位の順位を表示

Advice

- 複数の条件を順番に判断し、条件に応じて異なる結果を表示する関数は、「**=IFS(論理式1, 値が真の場合1, 論理式2, 値が真の場合2, ･･･, TRUE,当てはまらなかった場合)**」です。
- 順位を求める関数には、「**RANK.EQ関数**」と「**RANK.AVG関数**」があります。同順位の場合に最上位の順位を表示する場合は「**=RANK.EQ(数値, 参照, 順序)**」、平均値を表示する場合は「**=RANK.AVG(数値, 参照, 順序)**」を使います。
- 数式をコピーするときは、表の体裁がくずれないように（オートフィルオプション）を使います。

ブックに「**Lesson30**」と名前を付けて保存しましょう。
「**Lesson44**」と「**Lesson59**」で使います。

Lesson 31 第2章 商品券発行リスト

解答 ▶ P.21

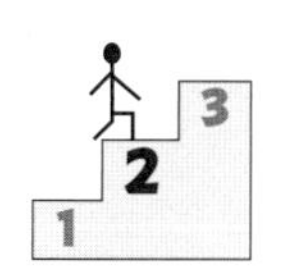

難易度

ブック「**Lesson12**」を開きましょう。

関数を入力しましょう。

	A	B	C	D	E	F	G
1	商品券発行リスト						
2							
3	◆お客様リスト◆				◆換算表◆		
4	（購入金額に応じた商品券金額）						
5	氏名	購入金額	商品券		購入金額	商品券	
6	伊藤　義男	152,000	0		0	0	20万円未満
7	今村　まゆ	356,000	2,500		200,000	1,000	20万円以上30万円未満
8	岡山　奈津	541,000	4,000		300,000	2,500	30万円以上50万円未満
9	川原　英樹	290,000	1,000		500,000	4,000	50万円以上70万円未満
10	小林　啓三	620,000	4,000		700,000	5,500	70万円以上
11	坂本　征二	98,000	0				
12	白井　達也	501,000	4,000				
13	鈴木　明子	256,000	1,000				
14	高田　みゆき	740,000	5,500				
15	辻井　夏帆	85,000	0				
16	花岡　健一郎	350,000	2,500				
17	舟木　香奈子	191,000	0				
18	松村　文代	821,000	5,500				
19	森下　和幸	520,000	4,000				
20	山本　創	475,000	2,500				
21							

Hint!

●商品券：購入金額を入力すると、換算表を参照して購入金額に応じた商品券の金額を表示
●桁区切りスタイル

Advice

• VLOOKUP関数の検索方法を「**TRUE**」にすると、検索値の近似値を表示できます。

ブックに「**Lesson31**」と名前を付けて保存しましょう。

第2章

Lesson 32 スケジュール表

解答▶P.21

難易度

 ブック「**Lesson10**」を開きましょう。

数式と関数を入力しましょう。

	A	B	C	D	E	F	G
1							
2					2020	年	
3					12	月	
4							
5	日付	曜日	予定				
6			みんな	父	母	私	
7	12月1日	火					
8	12月2日	水					
9	12月3日	木					
10	12月4日	金					
11	12月5日	土					
12	12月6日	日					
13	12月7日	月					
14	12月8日	火					
15	12月9日	水					
16	12月10日	木					
17	12月11日	金					
18	12月12日	土					
19	12月13日	日					
20	12月14日	月					
21	12月15日	火					
22	12月16日	水					
23	12月17日	木					
24	12月18日	金					
25	12月19日	土					
26	12月20日	日					
27	12月21日	月					
28	12月22日	火					
29	12月23日	水					
30	12月24日	木					
31	12月25日	金					
32	12月26日	土					
33	12月27日	日					
34	12月28日	月					
35	12月29日	火					
36	12月30日	水					
37	12月31日	木					
38							

Advice

- 日付を求める関数は、**「=DATE(年, 月, 日)」**です。年はセル**【E2】**、月はセル**【E3】**、日は1日を表示するため**「1」**を指定します。
- **「曜日」**は、関数を使ってA列の日付の表示形式を変更した結果をB列に表示します。値に表示形式を設定する関数は、**「=TEXT(値, 表示形式)」**です。日付を**「月」「火」**などの形式の曜日で表示する場合、表示形式は**「"aaa"」**を指定します。

 ブックに「**Lesson32**」と名前を付けて保存しましょう。

Lesson 33 第2章 試験結果

解答 ▶ P.21

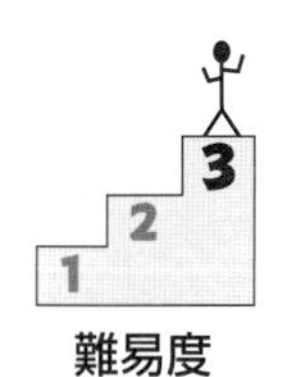
難易度

ブック「**Lesson16**」を開きましょう。

関数を入力しましょう。

	A	B	C	D	E	F	G	H	I	J	K
1		試験結果(10月)									
2								科目別最高点			
3	生徒番号	氏名	国語	英語	小論文	合計		科目	最高点	氏名	
4	1	佐藤　結衣	73	40	89	202		国語	92	夏川　彩菜	
5	2	浜崎　愛美	50	25	87	162		英語	100	上原　有紀	
6	3	中岡　早紀	45	20	85	150		小論文	97	上原　有紀	
7	4	江原　香	30	87	45	162					
8	5	佐々木　理紗	87	86	81	254					
9	6	中田　優香	40	35	79	154					
10	7	内田　恵	40	84	77	201					
11	8	伊東　麻里	84	83	40	207					
12	9	内村　雅和	40	40	25	105					
13	10	矢野　伸輔	25	30	20	75					
14	11	若村　隆司	90	92	95	277					
15	12	岡田　祐樹	25	25	35	85					
16	13	高田　浩之	79	78	65	222					
17	14	篠田　伸吾	19	15	25	59					
18	15	大木　祐輔	35	76	61	172					
19	16	岡村　亮介	76	75	59	210					
20	17	加藤　良孝	75	74	57	206					
21	18	中田　涼子	74	73	55	202					
22	19	上田　慎一	73	30	53	156					
23	20	安田　恭子	72	71	51	194					
24	21	吉村　大樹	71	70	49	190					
25	22	平田　秀明	70	69	47	186					
26	23	中村　美紗	69	68	45	182					
27	24	谷口　弘樹	68	55	43	166					
28	25	村田　雄輝	67	20	41	128					
29	26	上原　有紀	89	100	97	286					
30	27	井上　桃子	65	15	37	117					
31	28	夏川　彩菜	92	95	89	276					
32	29	吉田　千亜妃	63	62	33	158					
33	30	田村　すずえ	62	40	90	192					

成績表

Hint!

- 科目別最高点の最高点：各科目の最高点を表示
- 科目別最高点の氏名　：最高点を取得した氏名を表示
- J列　　　　　　　　：最適値の列の幅
- 科目別最高点の罫線　：色「**緑、アクセント6**」
- 科目別最高点の項目　：太字・塗りつぶしの色「**緑、アクセント6、白＋基本色60%**」

Advice

- 国語の最高点の氏名は、MATCH関数を使ってセル範囲【**C4：C33**】の最高点を検索し、その位置を求めます。さらに、INDEX関数を使って、セル範囲【**B4：B33**】の中からMATCH関数で求めた位置にあるデータを参照して表示します。
- INDEX関数は、「**=INDEX(配列,行番号,列番号)**」です。列番号は省略できます。
- MATCH関数は、「**=MATCH(検査値,検査範囲,照合の種類)**」です。照合の種類は、1(以下)、0(完全一致)、-1(以上)の中から指定します。省略すると1になります。

ブックに「**Lesson33**」と名前を付けて保存しましょう。
「**Lesson60**」で使います。

Lesson 34 第2章 アルバイト勤務表

PDF 解答 ▶ P.22

難易度

ブック「Lesson13」を開きましょう。

数式と関数を入力しましょう。

	A	B	C	D	E	F	G	H	I	J	K
1	アルバイト勤務表										
2											
3	フリガナ		モリヤマ　ヨシアキ								
4	氏名		森山　義明								
5											
6	月日	曜日	出勤		退勤	勤務時間	日給		時給	¥1,200	
7	11月1日	日	16:00	～	19:30	3.5	¥4,200		勤務日数	14	
8	11月2日	月		～		0	¥0				
9	11月3日	火	16:00	～	20:00	4	¥4,800				
10	11月4日	水	16:00	～	19:30	3.5	¥4,200				
11	11月5日	木		～		0	¥0				
12	11月6日	金	16:00	～	20:00	4	¥4,800				
13	11月7日	土	17:00	～	20:00	3	¥3,600				
14	11月8日	日		～		0	¥0				
15	11月9日	月		～		0	¥0				
16	11月10日	火	16:30	～	21:00	4.5	¥5,400				
17	11月11日	水	16:30	～	21:00	4.5	¥5,400				
18	11月12日	木		～		0	¥0				
19	11月13日	金	16:30	～	21:00	4.5	¥5,400				
20	11月14日	土	16:30	～	21:00	4.5	¥5,400				
21	11月15日	日		～		0	¥0				
22	11月16日	月		～		0	¥0				
23	11月17日	火		～		0	¥0				
24	11月18日	水	17:00	～	20:30	3.5	¥4,200				
25	11月19日	木		～		0	¥0				
26	11月20日	金		～		0	¥0				
27	11月21日	土	16:30	～	21:00	4.5	¥5,400				
28	11月22日	日		～		0	¥0				
29	11月23日	月		～		0	¥0				
30	11月24日	火	17:30	～	21:00	3.5	¥4,200				
31	11月25日	水	17:30	～	21:00	3.5	¥4,200				
32	11月26日	木		～		0	¥0				
33	11月27日	金	17:30	～	21:00	3.5	¥4,200				
34	11月28日	土		～		0	¥0				
35	11月29日	日		～		0	¥0				
36	11月30日	月		～		0	¥0				
37						支給金額	¥65,400				
38											

森山

●セル【C3】：フリガナを表示

Advice

- フリガナを求める関数は、「=PHONETIC（参照）」です。
- 「勤務日数」は、関数を使って出勤時間が入力されているセルを数えて表示します。指定した範囲内の数値の個数を求める関数は、「=COUNT（値1,値2,…）」です。
- 勤務時間は、「退勤－出勤」を使って表示します。ただし「h：mm」（時：分）で表示されるので、時間数で表示し、日給計算ができるように、「（退勤－出勤）×24」で計算します。

ブックに「Lesson34」と名前を付けて保存しましょう。
「Lesson37」で使います。

第2章

返済プラン

解答 ▶ P.22

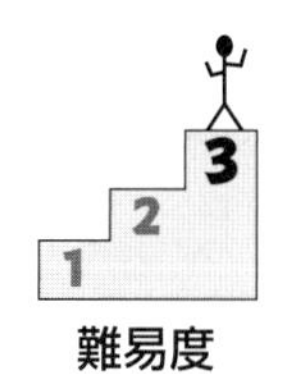

難易度

File ブック「**Lesson17**」を開きましょう。

関数を入力しましょう。

	A	B	C	D	E	F
1	受講料返済プラン					
2						
3	年利	3.50%				
4	支払日	0	※月初は「1」、月末は「0」を入力			
5						
6	レベル：　初級					
7	返済期間	グループ12人	グループ8人	少人数4人	マンツーマン	
8		¥120,000	¥240,000	¥360,000	¥456,000	
9	6か月	¥-20,205	¥-40,409	¥-60,614	¥-76,778	
10	12か月	¥-10,191	¥-20,381	¥-30,572	¥-38,724	
11	24か月	¥-5,184	¥-10,369	¥-15,553	¥-19,700	
12						
13						

返済プラン

●セル範囲【**B9：E11**】：受講料を6か月または12か月または24か月で支払った場合の1回あたりの返済金額を表示

Advice

• 一定利率の支払いが定期的に行われる場合の1回あたりの返済金額を求める関数は、「**=PMT(利率, 期間, 現在価値, 将来価値, 支払期日)**」です。

File ブックに「**Lesson35**」と名前を付けて保存しましょう。

Lesson 36 第2章 積立プラン

解答 ▶ P.22

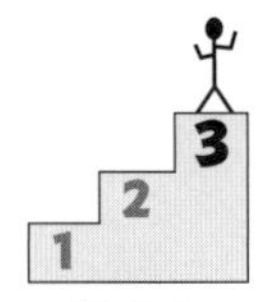

ブック「**Lesson18**」を開きましょう。

関数を入力しましょう。

	A	B	C	D	E	F
1	**旅行費用積立プラン**					
2						
3	**年利**	1.85%				
4	**頭金**	¥-5,000				
5	**支払日**	0	※月初は「1」、月末は「0」を入力			
6						
7	**毎月の支払額**	**プランA**	**プランB**	**プランC**	**プランD**	
8		6か月コース	12か月コース	18か月コース	24か月コース	
9	**¥-3,000**	¥23,116	¥41,400	¥59,854	¥78,479	
10	**¥-5,000**	¥35,162	¥65,605	¥96,330	¥127,340	
11	**¥-7,000**	¥47,209	¥89,809	¥132,805	¥176,201	
12	**¥-10,000**	¥65,278	¥126,116	¥187,519	¥249,492	
13						
14						

積立プラン

Hint!

● セル範囲【B9：E12】：毎月の支払額から満期後の受取金額を表示

Advice

- 指定された利率と期間で預金した場合の満期後の受取金額を求める関数は、**「=FV（利率，期間，定期支払額，現在価値，支払期日）」**です。

ブックに「**Lesson36**」と名前を付けて保存しましょう。

よくわかる

第3章

Chapter 3

入力規則を使って入力ミスを防ぐ

Lesson 37 第3章 アルバイト勤務表

PDF 解答 ▶ P.23

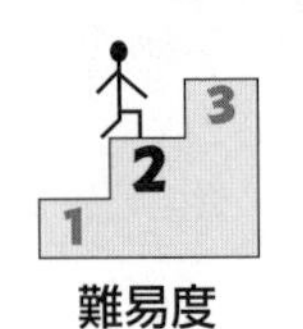

難易度

ブック「**Lesson34**」を開きましょう。

入力規則を設定しましょう。

	A	B	C	D	E	F	G	H	I	J	K
1	**アルバイト勤務表**										
2											
3	フリガナ		モリヤマ　ヨシアキ								
4	氏名		森山　義明								
5											
6	月日	曜日	出勤		退勤	勤務時間	日給		時給	¥1,200	
7	11月1日	日	16:00	～	19:30	3.5	¥4,200		勤務日数	14	
8	11月2日	月				0	¥0				
9	11月3日	火			20:00	4	¥4,800				
10	11月4日	水			19:30	3.5	¥4,200				
11	11月5日	木		～		0	¥0				
12	11月6日	金	16:00	～	20:00	4	¥4,800				
13	11月7日	土	17:00	～	20:00	3	¥3,600				
14	11月8日	日		～		0	¥0				
15	11月9日	月		～		0	¥0				
16	11月10日	火	16:30	～	21:00	4.5	¥5,400				
17	11月11日	水	16:30	～	21:00	4.5	¥5,400				
18	11月12日	木		～		0	¥0				
19	11月13日	金	16:30	～	21:00	4.5	¥5,400				
20	11月14日	土	16:30	～	21:00	4.5	¥5,400				
21	11月15日	日		～		0	¥0				
22	11月16日	月		～		0	¥0				
23	11月17日	火		～		0	¥0				
24	11月18日	水	17:00	～	20:30	3.5	¥4,200				
25	11月19日	木		～		0	¥0				
26	11月20日	金		～		0	¥0				
27	11月21日	土	16:30	～	21:00	4.5	¥5,400				
28	11月22日	日		～		0	¥0				
29	11月23日	月		～		0	¥0				
30	11月24日	火	17:30	～	21:00	3.5	¥4,200				
31	11月25日	水	17:30	～	21:00	3.5	¥4,200				
32	11月26日	木		～		0	¥0				
33	11月27日	金	17:30	～	21:00	3.5	¥4,200				
34	11月28日	土		～		0	¥0				
35	11月29日	日		～		0	¥0				
36	11月30日	月		～		0	¥0				
37						支給金額	¥65,400				
38											

時刻
24時間表示で入力してください

森山

Hint!

●セル範囲【C7：C36】とセル範囲【E7：E36】：入力規則「**入力時メッセージ**」

Advice

• 入力規則を使って、出勤・退勤時間のセルを選択すると、24時間表示で入力するように促すメッセージが表示されるようにします。

ブックに「**Lesson37**」と名前を付けて保存しましょう。
「**Lesson40**」で使います。

Lesson 38 第3章 案内状

解答 ▶ P.23

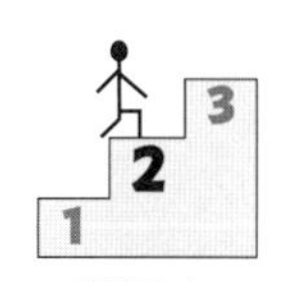

難易度

ブック**「Lesson14」**を開きましょう。

入力規則を設定しましょう。

	A	B	C	D	E	F	G	H	I	J
1							2020年7月1日			
2	緑山　幸太郎　様									
3						アジアンタムハウス				
4						〒220-0005			担当者一覧	
5						横浜市西区南幸X-X			氏名	
6						TEL：045-317-XXXX			吉村　圭司	
7						FAX：045-317-XXXX			山川　巽	
8									鈴木　優衣	
9				新築分譲マンションのご案内					真田　要	
10									後藤　謙造	
11	時下ますますご清祥の段、お慶び申し上げます。日頃は大変お世話になっております。								石本　尚子	
12	ご希望の条件でお調べしました結果、次の物件がございました。								平田　紀子	
13	各物件、モデルルームを公開しております。								今井　昇	
14	ご案内させていただきますので、ぜひご連絡ください。お待ちしております。								青山　一也	
15						担当：	後藤　謙造		野瀬　克己	
16										
17	物件名	沿線	最寄駅	徒歩（分）	販売価格（万円）	間取り				
18	アイビー横浜海岸通り	京浜東北線	関内	10	6,880	3LDK				
19	オーガスタ戸塚	東海道本線	戸塚	15	4,380	2LDK				
20	横浜山手プラッサイア	根岸線	山手	12	5,690	2LDK				
21	ホリスガーデン川崎	東海道本線	川崎	10	4,600	2LDK	54			
22	川崎モンステラ	東海道本線	川崎	15	4,710	2LDK	52			
23										

鈴木 優衣
真田 要
後藤 謙造
石本 尚子
平田 紀子
今井 昇
青山 一也
野瀬 克己

案内状

Hint!

- I列　　　：最適値の列の幅
- セル【G15】：入力規則**「リスト」**

Advice

- 入力規則を使って、**「担当者一覧」**の担当者名をリストから選択できるようにします。

ブックに**「Lesson38」**と名前を付けて保存しましょう。
「Lesson66」で使います。

Lesson 39 第3章 お見積書

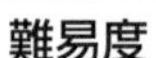

ブック「**Lesson29**」を開きましょう。

入力規則を設定しましょう。

	A	B	C	D	E	F	G	H
1					2020年6月1日			
2					No.0100			
3	お見積書							
4								
5	お名前	高島恵子　様						
6	ご住所	東京都杉並区清水X-X-X						
7	お電話番号	03-3311-XXXX						
8				エフオーエム家具株式会社				
9				〒105-0022　東京都港区海岸X-X				
10				03-5401-XXXX				
11								
12	平素よりご用命を賜りまして厚く御礼申し上							
13	以下のとおり、お見積りさせていただきます。							
14								
15								
16	**合計金額**	**¥69,740**						
17								
18	明細							
19	**商品番号**	**商品名**	**販売価格**	**数量**	**金額**			
20	1031	パソコンローデスク	¥19,800	1	¥19,800			
21	2011	座椅子	¥10,000	1	¥10,000			
22	2032	OAチェア（肘掛け付き）	¥16,800	2	¥33,600			
23	1030							
24								
25			**小計**		¥63,400			
26			**消費税**	**10%**	¥6,340			
27			**合計**		¥69,740			
28								

お見積書　商品リスト

商品番号確認

商品リストにある商品番号を入力してください。

再試行(R)　キャンセル　ヘルプ(H)

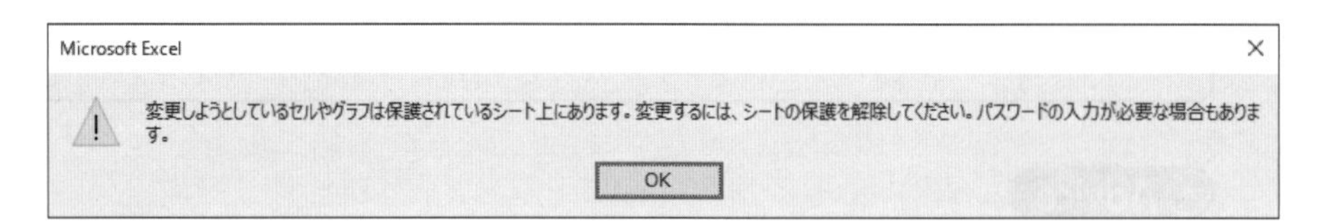

Hint!

- セル範囲【**A20：A24**】：入力規則「**リスト**」
  入力規則「**エラーメッセージ**」
- シートの保護　：データを入力するセルだけ編集できるようにする

Advice

- 入力規則を使って、商品リストにある商品番号以外のデータが入力されないように設定します。無効なデータが入力された場合は、エラーメッセージを表示します。
- 編集するセルはロックを解除してから、シートを保護します。

ブックに「**Lesson39**」と名前を付けて保存しましょう。
「**Lesson65**」で使います。

よくわかる

第4章

Chapter 4

シートを連携して複数の表を操作する

Lesson 40 第4章 アルバイト勤務表

解答 ▶ P.24

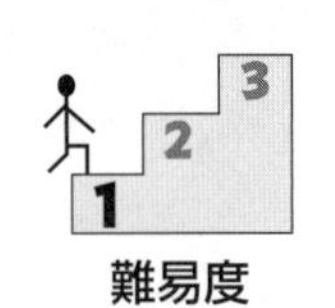

難易度

ブック「Lesson37」を開きましょう。

シートを連携しましょう。

	A	B	C	D	E	F	G	H	I	J	K
1	アルバイト勤務表										
2											
3	フリガナ		モリヤマ　ヨシアキ								
4	氏名		森山　義明								
5											
6	月日	曜日	出勤		退勤	勤務時間	日給		時給	¥1,200	
7	11月1日	日	16:00	～	19:30	3.5	¥4,200		勤務日数	14	
8	11月2日	月		～		0	¥0				
9	11月3日	火	16:00	～	20:00	4	¥4,800				
10	11月4日	水	16:00	～	19:30	3.5	¥4,200				
11	11月5日	木		～		0	¥0				
12	11月6日	金	16:00	～	20:00	4	¥4,800				
13	11月7日	土	17:00	～	20:00	3	¥3,600				
14	11月8日	日		～		0	¥0				
15	11月9日	月		～		0	¥0				
16	11月10日	火	16:30	～	21:00	4.5	¥5,400				
17	11月11日	水	16:30	～	21:00	4.5	¥5,400				
18	11月12日	木		～		0	¥0				
19	11月13日	金	16:30	～	21:00	4.5	¥5,400				
20	11月14日	土	16:30	～	21:00	4.5	¥5,400				
21	11月15日	日		～		0	¥0				
22	11月16日	月		～		0	¥0				
23	11月17日	火		～		0	¥0				
24	11月18日	水	17:00	～	20:30	3.5	¥4,200				
25	11月19日	木		～		0	¥0				
26	11月20日	金		～		0	¥0				
27	11月21日	土	16:30	～	21:00	4.5	¥5,400				
28	11月22日	日		～		0	¥0				
29	11月23日	月		～		0	¥0				
30	11月24日	火	17:30	～	21:00	3.5	¥4,200				
31	11月25日	水	17:30	～	21:00	3.5	¥4,200				
32	11月26日	木		～		0	¥0				
33	11月27日	金	17:30	～	21:00	3.5	¥4,200				
34	11月28日	土		～		0	¥0				
35	11月29日	日		～		0	¥0				
36	11月30日	月		～		0	¥0				
37						支給金額	¥65,400				
38											

森山 | 井上 | 杉島 | 11月

	A	B	C	D	E	F	G	H	I	J	K
1	アルバイト勤務表										
2											
3	フリガナ		イノウエ　タカシ								
4	氏名		井上　隆								
5											
6	月日	曜日	出勤		退勤	勤務時間	日給		時給	¥1,150	
7	11月1日	日		～		0	¥0		勤務日数	13	
8	11月2日	月	19:00	～	22:00	3	¥3,450				
9	11月3日	火		～		0	¥0				
10	11月4日	水	19:00	～	21:00	2	¥2,300				
11	11月5日	木	19:00	～	21:00	2	¥2,300				
12	11月6日	金		～		0	¥0				
13	11月7日	土	19:00	～	22:00	3	¥3,450				
14	11月8日	日		～		0	¥0				
15	11月9日	月	17:00	～	20:00	3	¥3,450				
16	11月10日	火		～		0	¥0				
17	11月11日	水	17:00	～	21:00	4	¥4,600				
18	11月12日	木	17:00	～	21:00	4	¥4,600				
19	11月13日	金		～		0	¥0				
20	11月14日	土		～		0	¥0				
21	11月15日	日		～		0	¥0				
22	11月16日	月	16:30	～	21:00	4.5	¥5,175				
23	11月17日	火		～		0	¥0				
24	11月18日	水		～		0	¥0				
25	11月19日	木	16:00	～	21:00	5	¥5,750				
26	11月20日	金		～		0	¥0				
27	11月21日	土		～		0	¥0				
28	11月22日	日		～		0	¥0				
29	11月23日	月	17:30	～	20:30	3	¥3,450				
30	11月24日	火		～		0	¥0				
31	11月25日	水	16:00	～	21:00	5	¥5,750				
32	11月26日	木	16:00	～	20:00	4	¥4,600				
33	11月27日	金		～		0	¥0				
34	11月28日	土		～		0	¥0				
35	11月29日	日		～		0	¥0				
36	11月30日	月	17:00	～	20:30	3.5	¥4,025				
37						支給金額	¥52,900				
38											

森山　井上　杉島　11月

	A	B	C	D	E	F	G	H	I	J	K
1	アルバイト勤務表										
2											
3	フリガナ		スギシマ　ナオコ								
4	氏名		杉島　直子								
5											
6	月日	曜日	出勤		退勤	勤務時間	日給		時給	¥1,100	
7	11月1日	日		～		0	¥0		勤務日数	10	
8	11月2日	月	16:00	～	20:00	4	¥4,400				
9	11月3日	火	16:00	～	20:00	4	¥4,400				
10	11月4日	水		～		0	¥0				
11	11月5日	木		～		0	¥0				
12	11月6日	金	17:00	～	21:00	4	¥4,400				
13	11月7日	土	17:00	～	21:00	4	¥4,400				
14	11月8日	日		～		0	¥0				
15	11月9日	月		～		0	¥0				
16	11月10日	火		～		0	¥0				
17	11月11日	水	15:00	～	20:00	5	¥5,500				
18	11月12日	木		～		0	¥0				
19	11月13日	金		～		0	¥0				
20	11月14日	土	15:00	～	20:00	5	¥5,500				
21	11月15日	日		～		0	¥0				
22	11月16日	月		～		0	¥0				
23	11月17日	火	16:30	～	20:00	3.5	¥3,850				
24	11月18日	水		～		0	¥0				
25	11月19日	木		～		0	¥0				
26	11月20日	金	15:00	～	20:00	5	¥5,500				
27	11月21日	土	15:00	～	20:00	5	¥5,500				
28	11月22日	日		～		0	¥0				
29	11月23日	月		～		0	¥0				
30	11月24日	火		～		0	¥0				
31	11月25日	水		～		0	¥0				
32	11月26日	木		～		0	¥0				
33	11月27日	金		～		0	¥0				
34	11月28日	土	15:00	～	20:00	5	¥5,500				
35	11月29日	日		～		0	¥0				
36	11月30日	月		～		0	¥0				
37						支給金額	¥48,950				
38											

森山　井上　杉島　11月

	A	B	C	D	E
1	アルバイト勤務表（11月）				
2					
3	月日	曜日	勤務人数	支給金額	
4	11月1日	日	1	¥4,200	
5	11月2日	月	2	¥7,850	
6	11月3日	火	2	¥9,200	
7	11月4日	水	2	¥6,500	
8	11月5日	木	1	¥2,300	
9	11月6日	金	2	¥9,200	
10	11月7日	土	3	¥11,450	
11	11月8日	日	0	¥0	
12	11月9日	月	1	¥3,450	
13	11月10日	火	1	¥5,400	
14	11月11日	水	3	¥15,500	
15	11月12日	木	1	¥4,600	
16	11月13日	金	1	¥5,400	
17	11月14日	土	2	¥10,900	
18	11月15日	日	0	¥0	
19	11月16日	月	1	¥5,175	
20	11月17日	火	1	¥3,850	
21	11月18日	水	1	¥4,200	
22	11月19日	木	1	¥5,750	
23	11月20日	金	1	¥5,500	
24	11月21日	土	2	¥10,900	
25	11月22日	日	0	¥0	
26	11月23日	月	1	¥3,450	
27	11月24日	火	1	¥4,200	
28	11月25日	水	2	¥9,950	
29	11月26日	木	1	¥4,600	
30	11月27日	金	1	¥4,200	
31	11月28日	土	1	¥5,500	
32	11月29日	日	0	¥0	
33	11月30日	月	1	¥4,025	
34					
35	合計		37	¥167,250	
36					

森山 | 井上 | 杉島 | 11月

Hint!

シート「森山」
- シートのコピー

新しいシート「11月」の挿入

シート「11月」
- タイトル ：太字
- 項目 ：太字・塗りつぶしの色**「青、アクセント1、白＋基本色80%」**
- シート間の集計
- 通貨表示形式
- B列 ：最適値の列の幅

Advice
- シート**「森山」**をひな型としてコピーして利用します。
- シート間の集計を使って、シート**「11月」**に3シート分を集計します。

ブックに**「Lesson40」**と名前を付けて保存しましょう。

Lesson 41 第4章 上期売上表

PDF 解答 ▶ P.25

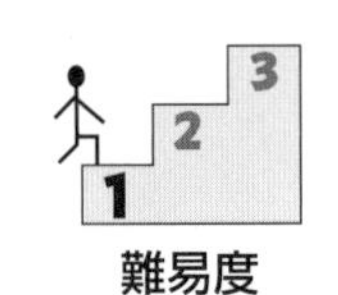

ブック「Lesson3」と「Lesson4」を開きましょう。

シートを連携しましょう。

東銀座店　売上表

単位：千円

分類	4月	5月	6月	7月	8月	9月	合計	構成比
グランドピアノ	1,500	0	1,250	0	1,250	1,100	5,100	18.9%
ライトアップピアノ	425	322	940	1,250	540	984	4,461	16.6%
電子ピアノ	1,510	2,802	4,545	2,015	942	2,311	14,125	52.4%
キーボード	180	156	558	510	256	215	1,875	7.0%
オルガン	120	254	125	250	110	512	1,371	5.1%
合計	3,735	3,534	7,418	4,025	3,098	5,122	26,932	100.0%

東銀座店　新川崎店

新川崎店　売上表

単位：千円

分類	4月	5月	6月	7月	8月	9月	合計	構成比
グランドピアノ	1,250	980	0	0	1,250	2,500	5,980	25.1%
ライトアップピアノ	425	258	1,254	1,250	2,005	560	5,752	24.2%
電子ピアノ	650	555	3,502	2,580	1,250	1,258	9,795	41.1%
キーボード	154	258	259	346	471	53	1,541	6.5%
オルガン	156	48	45	120	128	245	742	3.1%
合計	2,635	2,099	5,060	4,296	5,104	4,616	23,810	100.0%

東銀座店　新川崎店

Hint!

- グループ：合計を求める
  構成比を求める
  構成比は小数点以下第1位の表示形式
  「単位：千円」の移動
  H列～I列の列の幅**「12」**

Advice

- 複数のブック間でシートをコピーするには、Ctrl を押しながら、シート見出しをコピー先のブックまでドラッグします。複数のブックを開いて操作する場合は、並べて表示すると効率的です。
- 構成比は、**「各分類の合計÷全分類の合計」**を使って表示します。

ブックに「Lesson41」と名前を付けて保存しましょう。
「Lesson42」で使います。

Lesson 42 上期売上表

解答 ▶ P.26

ブック「Lesson41」を開きましょう。

シートを連携しましょう。

東銀座店　売上表

単位：千円

分類	4月	5月	6月	7月	8月	9月	合計	構成比
グランドピアノ	1,500	0	1,250	0	1,250	1,100	5,100	18.9%
ライトアップピアノ	425	322	940	1,250	540	984	4,461	16.6%
電子ピアノ	1,510	2,802	4,545	2,015	942	2,311	14,125	52.4%
キーボード	180	156	558	510	256	215	1,875	7.0%
オルガン	120	254	125	250	110	512	1,371	5.1%
合計	3,735	3,534	7,418	4,025	3,098	5,122	26,932	100.0%

東銀座店　新川崎店　上期売上

新川崎店　売上表

単位：千円

分類	4月	5月	6月	7月	8月	9月	合計	構成比
グランドピアノ	1,250	980	0	0	1,250	2,500	5,980	25.1%
ライトアップピアノ	425	258	1,254	1,250	2,005	560	5,752	24.2%
電子ピアノ	650	555	3,502	2,580	1,250	1,258	9,795	41.1%
キーボード	154	258	259	346	471	53	1,541	6.5%
オルガン	156	48	45	120	128	245	742	3.1%
合計	2,635	2,099	5,060	4,296	5,104	4,616	23,810	100.0%

東銀座店　新川崎店　上期売上

	A	B	C	D	E	F	G	H	I	J
1	上期売上表									
2									単位：千円	
3	分類	4月	5月	6月	7月	8月	9月	合計	構成比	
4	グランドピアノ	2,750	980	1,250	0	2,500	3,600	11,080	21.8%	
5	ライトアップピアノ	850	580	2,194	2,500	2,545	1,544	10,213	20.1%	
6	電子ピアノ	2,160	3,357	8,047	4,595	2,192	3,569	23,920	47.1%	
7	キーボード	334	414	817	856	727	268	3,416	6.7%	
8	オルガン	276	302	170	370	238	757	2,113	4.2%	
9	合計	6,370	5,633	12,478	8,321	8,202	9,738	50,742	100.0%	
10										
11										
12										
13										
14										
15										

東銀座店　新川崎店　上期売上

Hint!

●シートのコピー

シート「上期売上」

●シート見出し　：色**「ゴールド、アクセント4」**

●シート間の集計

●項目　：塗りつぶしの色**「ゴールド、アクセント4、白＋基本色40%」**

Advice

- シート**「新川崎店」**をひな型としてコピーして利用します。
- シート間の集計を使って、シート**「上期売上」**に2シート分を集計します。
- 各シートの列見出しや行見出しなどの構造が同じになっている場合、複数シートの表を集計することができます。

ブックに「**Lesson42**」と名前を付けて保存しましょう。
「**Lesson52**」と「**Lesson53**」で使います。

よくわかる

第5章

Chapter 5

条件によって セルに書式を設定する

Lesson 43 第5章 セミナーアンケート結果

解答 ▶ P.27

ブック「Lesson19」を開きましょう。

条件付き書式を設定しましょう。

	A	B	C	D	E	F	G
1	体験セミナーアンケート結果						
2							
3	回答者	性別	お店の数	体験時間	感想	次回のイベント	
4	T050	男	多い	長い	つまらない	不参加	
5	T051	女	普通	普通	楽しい	参加	
6	T052	女	少ない	長い	楽しい	参加	
7	T053	女	少ない	短い	楽しい	参加	
8	T054	男	少ない	長い	楽しい	参加	
9	T055	女	多い	普通	楽しい	参加	
10	T056	女	少ない	長い	楽しい	参加	
11	T057	男	多い	長い	つまらない	不参加	
12	T058	女	普通	長い	楽しい	参加	
13	T059	男	多い	普通	楽しい	参加	
14	T060	男	普通	長い	楽しい	不参加	
15	T061	男	少ない	短い	つまらない	不参加	
16	T062	女	多い	短い	つまらない	不参加	
17	T063	男	普通	普通	楽しい	参加	
18	T064	女	普通	普通	楽しい	参加	
19	T065	女	少ない	長い	楽しい	参加	
20	T066	女	多い	短い	楽しい	参加	
21	T067	女	少ない	普通	楽しい	参加	
22	T068	女	多い	普通	楽しい	参加	
23	T069	女	多い	普通	楽しい	不参加	
24	T070	女	普通	普通	楽しい	参加	
25	T071	女	多い	長い	楽しい	参加	
26							

- 条件付き書式：条件「次回のイベントが不参加のセル」・書式「明るい赤の背景」

ブックに「Lesson43」と名前を付けて保存しましょう。
「Lesson61」で使います。

Lesson 44 模擬試験成績表

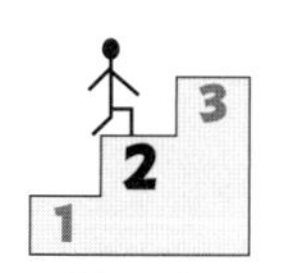

難易度

File ブック「Lesson30」を開きましょう。

条件付き書式を設定しましょう。

	A	B	C	D	E	F	G	H
1	模擬試験成績表							
2								
3	10月13日実施							
4	氏名	国語	数学	英語	合計	評価	順位	
5	大木　香織	63	75	86	224	優	2	
6	山城　健	74	63	64	201	優	5	
7	中田　健司	55	60	66	181	良	9	
8	久賀　慶	62	60	50	172	可	14	
9	牧野　弘一	97	70	89	256	優	1	
10	富田　詩織	55	60	58	173	可	13	
11	栗原　真紀	60	96	50	206	優	4	
12	佐藤　ゆかり	70	55	62	187	良	7	
13	関口　良	64	63	50	177	良	11	
14	松野　浩二	55	53	64	172	可	14	
15	浅見　真人	58	65	98	221	優	3	
16	佐々木　純	60	60	60	180	良	10	
17	吉本　俊哉	70	57	62	189	良	6	
18	芝　総一郎	55	70	58	183	良	8	
19	清水　由子	64	52	60	176	良	12	
20	平均	64.1	63.9	65.1	193.2			
21	最高	97	96	98	256			
22	最低	55	52	50	172			
23								

成績表

Hint!

- 条件付き書式：条件「**合計点が平均点以上の氏名**」・書式「**塗りつぶし　オレンジ**」
- 条件付き書式：条件「**評価が優**」・書式「**濃い赤の文字、明るい赤の背景**」
  条件「**評価が可**」・書式「**濃い緑の文字、緑の背景**」

ブックに「Lesson44」と名前を付けて保存しましょう。

Lesson 45 第5章 支店別売上表

解答 ▶ P.27

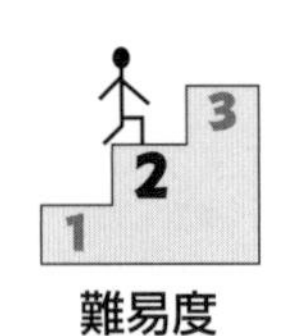

難易度

ブック「**Lesson27**」を開きましょう。

条件付き書式を設定しましょう。

	A	B	C	D	E	F	G	H	I
1	支店別売上表								
2								単位：円	
3	支店	部署	上期予算	4月	5月	6月	合計	1Q達成率（%）	
4	関東	第1営業課	1,050,000	160,000	190,000	170,000	520,000	49.5	
5		第2営業課	900,000	230,000	120,000	95,000	445,000	49.4	
6	東海	第1営業課	750,000	123,000	114,000	125,000	362,000	48.2	
7		第2営業課	450,000	98,000	56,000	78,500	232,500	51.6	
8	関西	第1営業課	900,000	120,000	190,000	180,000	490,000	54.4	
9		第2営業課	700,000	220,000	81,000	62,000	363,000	51.8	
10	合計		4,750,000	951,000	751,000	710,500	2,412,500	50.7	
11									
12									
13									

支店別売上表

Hint!

- 条件付き書式：各支店の4月～6月の実績の大小関係を緑、黄、赤のカラースケールを使って表示
- 条件付き書式：各支店の4月～6月の合計の大小関係を3つの矢印（色分け）のアイコンセットを使って表示
- G列　　　　：最適値の列の幅

Advice

- カラースケールを使うと、選択したセル範囲内で数値の大小関係を比較して、段階的に色分けして表示します。
- アイコンセットを使うと、選択したセル範囲内で数値の大小関係を比較して、アイコンの図柄で表示します。

ブックに「**Lesson45**」と名前を付けて保存しましょう。

Lesson 46 第5章 観測記録

解答 ▶ P.27

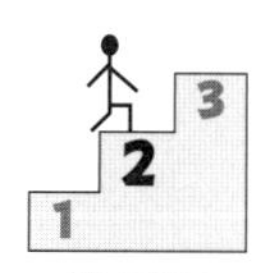

難易度

ブック「Lesson26」を開きましょう。

条件付き書式を設定しましょう。

	A	B	C	D	E	F	G
1	観測記録						
2					観測地点：京都		
3							
4		気温			湿度	降水量	
5		平均[℃]	最高[℃]	最低[℃]	平均[%]	合計[mm]	
6	1月	4.7	15.9	-2.5	61.0	33.0	
7	2月	6.8	22.1	-1.3	63.0	140.0	
8	3月	8.5	24.6	-0.1	64.0	166.5	
9	4月	12.6	23.5	1.5	59.0	191.5	
10	5月	18.1	30.9	6.9	59.0	203.0	
11	6月	23.7	33.9	14.3	64.0	227.0	
12	7月	27.6	37.4	21.0	67.0	425.0	
13	8月	30.1	37.5	24.0	62.0	175.0	
14	9月	25.9	38.1	14.4	62.0	219.0	
15	10月	19.1	28.6	7.8	69.0	160.0	
16	11月	11.8	20.1	2.5	67.0	15.0	
17	12月	7.5	20.3	-1.3	67.0	106.0	
18	平均	16.4	27.7	7.3	63.7	171.8	
19	最高	30.1	38.1	24.0	69.0	425.0	
20	最低	4.7	15.9	-2.5	59.0	15.0	
21							

Hint!

●条件付き書式：降水量の大小関係をデータバーを使って表示
データバーの色**「水色のグラデーション」**
データバーの最小値**「数値　0」**・データバーの最大値**「数値　500」**

Advice

• データバーの最小値と最大値は、**《ホーム》**タブ→**《スタイル》**グループの 条件付き書式 (条件付き書式)→**《ルールの管理》**で設定できます。

ブックに「**Lesson46**」と名前を付けて保存しましょう。

Lesson 47 第5章 売上一覧表

解答 ▶ P.28

難易度

ブック「**Lesson22**」を開きましょう。

条件付き書式を設定しましょう。

	A	B	C	D	E	F	G	H	I	J
1	売上一覧表									
2										
3	番号	日付	店名	担当者	商品名	分類	単価	数量	売上高	
4	1	6月1日	原宿	鈴木大河	ダージリン	紅茶	1,200	30	36,000	
5	2	6月2日	新宿	有川修二	キリマンジャロ	コーヒー	1,000	30	30,000	
6	3	6月3日	新宿	有川修二	ダージリン	紅茶	1,200	20	24,000	
7	4	6月4日	新宿	竹田誠一	ダージリン	紅茶	1,200	50	60,000	
8	5	6月5日	新宿	河上友也	アップル	紅茶	1,600	40	64,000	
9	6	6月5日	渋谷	木村健三	アップル	紅茶	1,600	20	32,000	
10	7	6月8日	原宿	鈴木大河	ダージリン	紅茶	1,200	10	12,000	
11	8	6月10日	品川	畑山圭子	キリマンジャロ	コーヒー	1,000	20	20,000	
12	9	6月11日	新宿	有川修二	アールグレイ	紅茶	1,000	50	50,000	
13	10	6月12日	原宿	鈴木大河	アールグレイ	紅茶	1,000	50	50,000	
14	11	6月12日	品川	佐藤貴子	オリジナルブレンド	コーヒー	1,800	20	36,000	
15	12	6月16日	渋谷	林一郎	キリマンジャロ	コーヒー	1,000	30	30,000	
16	13	6月17日	新宿	竹田誠一	キリマンジャロ	コーヒー	1,000	20	20,000	
17	14	6月18日	原宿	杉山恵美	キリマンジャロ	コーヒー	1,000	10	10,000	
18	15	6月22日	渋谷	木村健三	アールグレイ	紅茶	1,000	40	40,000	
19	16	6月23日	品川	畑山圭子	アールグレイ	紅茶	1,000	50	50,000	
20	17	6月24日	渋谷	林一郎	モカ	コーヒー	1,500	20	30,000	
21	18	6月29日	新宿	有川修二	モカ	コーヒー	1,500	10	15,000	
22	19	7月1日	品川	佐藤貴子	モカ	コーヒー	1,500	45	67,500	
23	20	7月6日	原宿	鈴木大河	オリジナルブレンド	コーヒー	1,800	30	54,000	
24	21	7月8日	渋谷	木村健三	アールグレイ	紅茶	1,000	20	20,000	
25	22	7月9日	原宿	鈴木大河	ダージリン	紅茶	1,200	10	12,000	
26	23	7月10日	原宿	鈴木大河	アールグレイ	紅茶	1,000	50	50,000	
27	24	7月13日	品川	畑山圭子	モカ	コーヒー	1,500	30	45,000	
28	25	7月14日	品川	佐藤貴子	モカ	コーヒー	1,500	50	75,000	
29	26	7月15日	渋谷	林一郎	オリジナルブレンド	コーヒー	1,800	30	54,000	
30	27	7月16日	新宿	河上友也	アップル	紅茶	1,600	50	80,000	
31	28	7月17日	渋谷	林一郎	キリマンジャロ	コーヒー	1,000	40	40,000	
32	29	7月20日	新宿	河上友也	アールグレイ	紅茶	1,000	30	30,000	
33	30	7月21日	原宿	杉山恵美	キリマンジャロ	コーヒー	1,000	20	20,000	
34	31	7月22日	原宿	杉山恵美	モカ	コーヒー	1,500	10	15,000	
35	32	7月23日	渋谷	木村健三	アールグレイ	紅茶	1,000	20	20,000	
36	33	7月24日	品川	畑山圭子	アールグレイ	紅茶	1,000	50	50,000	
37	34	7月24日	品川	佐藤貴子	モカ	コーヒー	1,500	40	60,000	
38	35	7月28日	新宿	竹田誠一	オリジナルブレンド	コーヒー	1,800	30	54,000	
39	36	7月29日	新宿	有川修二	モカ	コーヒー	1,500	20	30,000	
40	37	7月30日	原宿	杉山恵美	キリマンジャロ	コーヒー	1,000	10	10,000	
41	38	7月31日	渋谷	木村健三	アールグレイ	紅茶	1,000	20	20,000	
42										

売上表

Hint!

- 条件付き書式：条件「**売上高が上位5位**」・書式「**濃い黄色の文字、黄色の背景**」
  条件「**売上高が下位5位**」・書式「**濃い緑の文字、緑の背景**」

ブックに「**Lesson47**」と名前を付けて保存しましょう。

よくわかる

第6章

Chapter 6

グラフを使ってデータを視覚的に表示する

Lesson 48 第6章 店舗別売上推移

解答 ▶ P.29

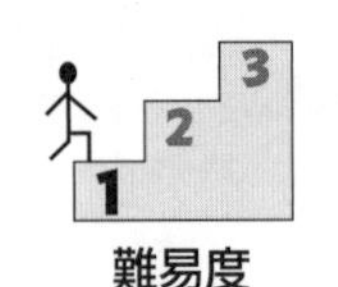

ブック「**Lesson24**」を開きましょう。

グラフを作成しましょう。

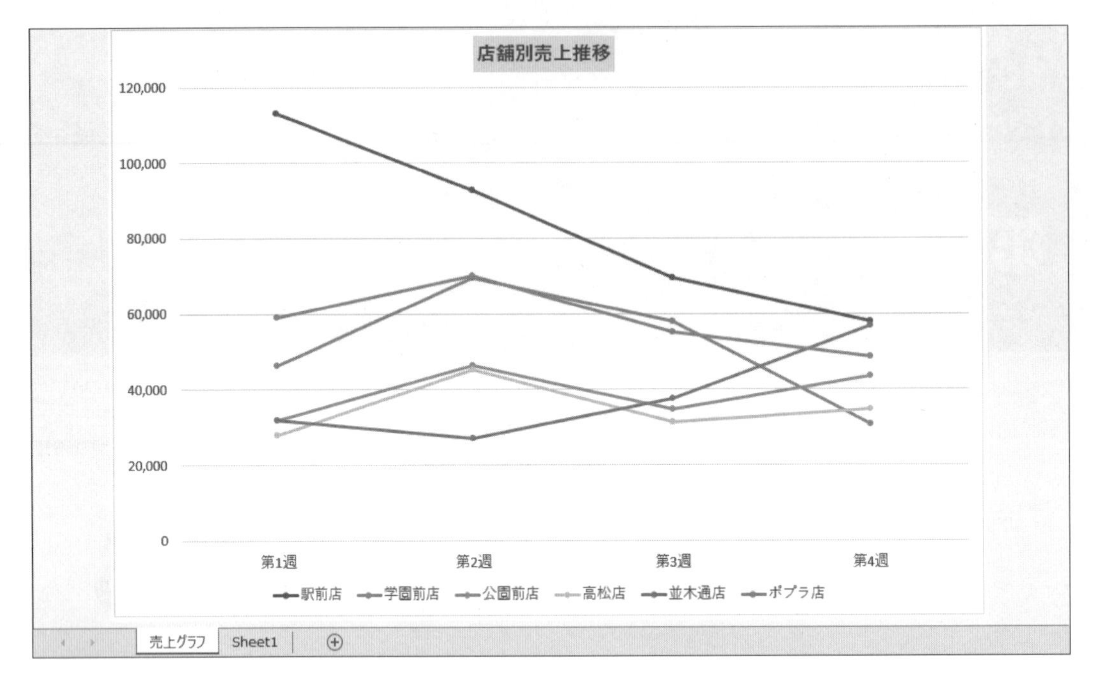

Hint!

- グラフの場所 ：新しいシート「**売上グラフ**」
- グラフエリア ：フォントサイズ「**12**」
- グラフタイトル：フォントサイズ「**16**」・太字
  塗りつぶしの色「**青、アクセント1、白+基本色80%**」

Advice

- 各店の売上額を表す折れ線グラフを作成します。
- グラフを挿入すると、自動的に「**グラフタイトル**」が作成されます。クリックするとカーソルが表示され、グラフタイトルを編集できます。
- グラフタイトルは、《**グラフタイトルの書式設定**》作業ウィンドウを使って塗りつぶしの色を設定できます。

ブックに「**Lesson48**」と名前を付けて保存しましょう。

Lesson 49 第6章 栄養成分表

解答 ▶ P.29

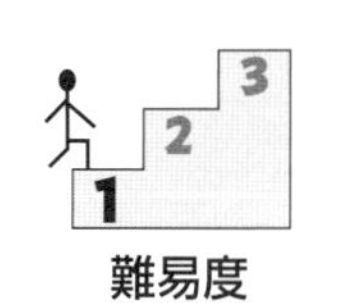

難易度

ブック「**Lesson1**」を開きましょう。

グラフを作成しましょう。

	A	B	C	D	E	F
1	**野菜の栄養成分表（100gあたり）**					
2						
3	食品名	エネルギー（kcal）	たんぱく質（g）	脂質（g）	炭水化物（g）	
4	アスパラガス	22	2.6	0.2	3.9	
5	キャベツ	23	1.3	0.2	5.2	
6	レタス	23	0.6	0.1	2.8	
7	トマト	19	0.7	0.1	4.7	
8	にんじん	37	0.6	0.1	9	
9	ブロッコリー	33	4.3	0.5	5.2	
10	ホウレン草	20	2.2	0.4	3.1	

野菜の栄養成分

たんぱく質（g）　脂質（g）　炭水化物（g）

アスパラガス　キャベツ　レタス　トマト　にんじん　ブロッコリー　ホウレン草

10　8　6　4　2　0

Hint!

●グラフの場所：セル範囲【**A12：E25**】

Advice

• 各食品のたんぱく質、脂質、炭水化物を比較するレーダーチャートを作成します。

ブックに「**Lesson49**」と名前を付けて保存しましょう。
「**Lesson55**」で使います。

Lesson 50 第6章

身体測定結果

解答 ▶ P.29

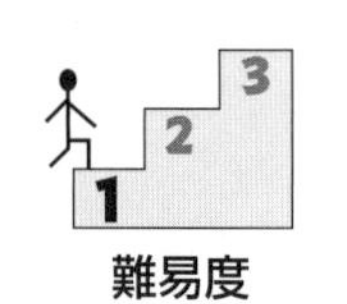

難易度

ブック「**Lesson25**」を開きましょう。

グラフを作成しましょう。

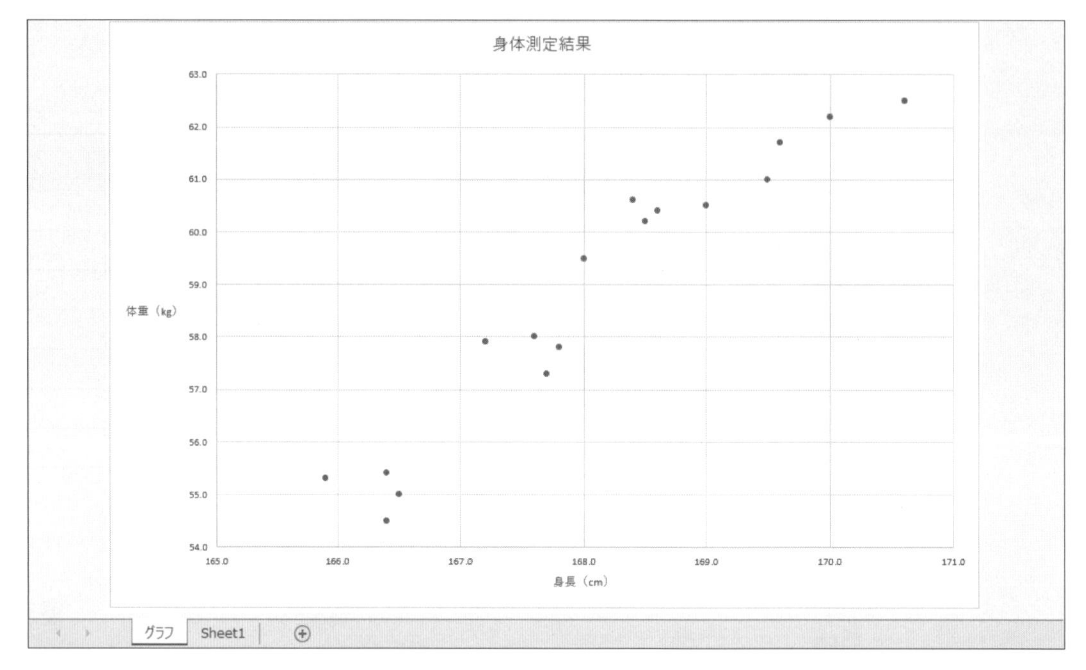

Hint!

- グラフの場所　：新しいシート「**グラフ**」
- 横軸の軸ラベル：「**身長（cm）**」
- 縦軸の軸ラベル：「**体重（kg）**」

Advice

- 身長と体重のばらつきを表す散布図を作成します。
- 軸ラベルの文字列の方向は、**《ホーム》**タブ→**《配置》**グループの（方向）を使って変更できます。

ブックに「**Lesson50**」と名前を付けて保存しましょう。
「**Lesson56**」で使います。

第6章

支店別売上グラフ

解答 ▶ P.30

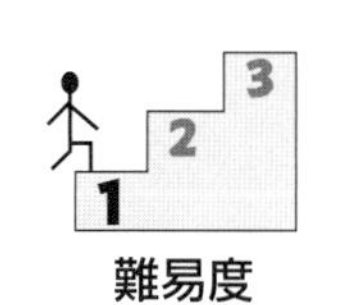

難易度

ブック「Lesson27」を開きましょう。

グラフを作成しましょう。

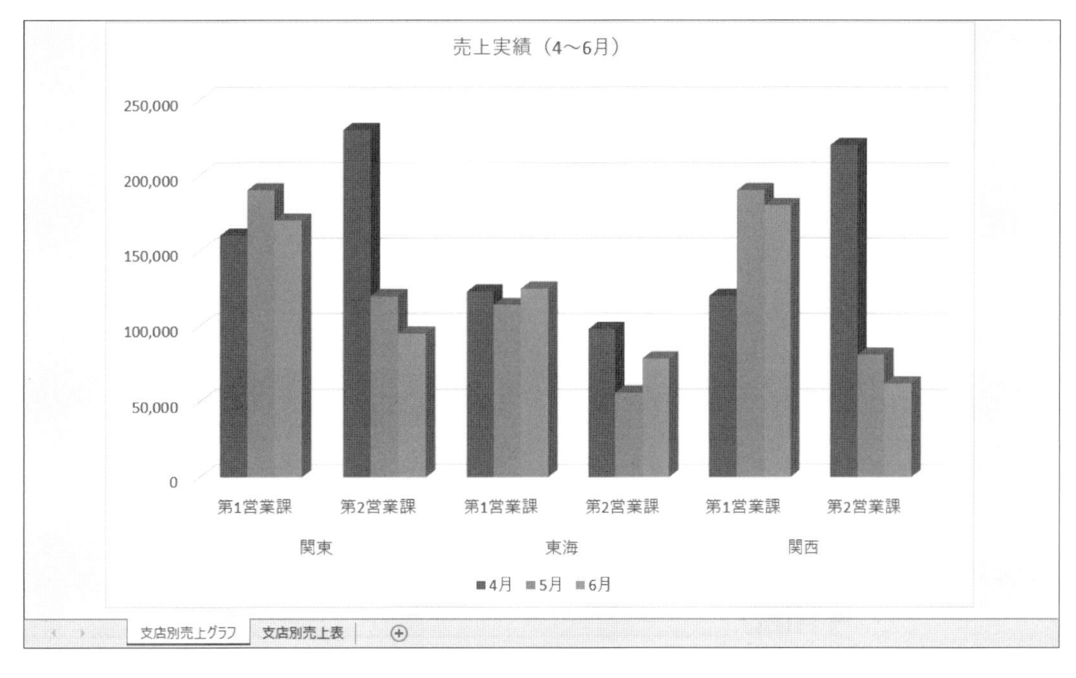

Hint!

- グラフの場所：新しいシート「**支店別売上グラフ**」
- グラフエリア　：フォントサイズ「**14**」

Advice

- 各部署の月ごとの売上実績を表す縦棒グラフを作成します。

ブックに「**Lesson51**」と名前を付けて保存しましょう。
「**Lesson57**」で使います。

Lesson 52 第6章 上期売上グラフ

解答 ▶ P.30

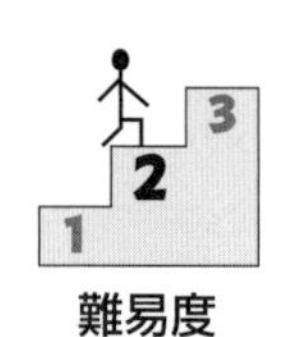

難易度

ブック「**Lesson42**」を開きましょう。

グラフを作成しましょう。

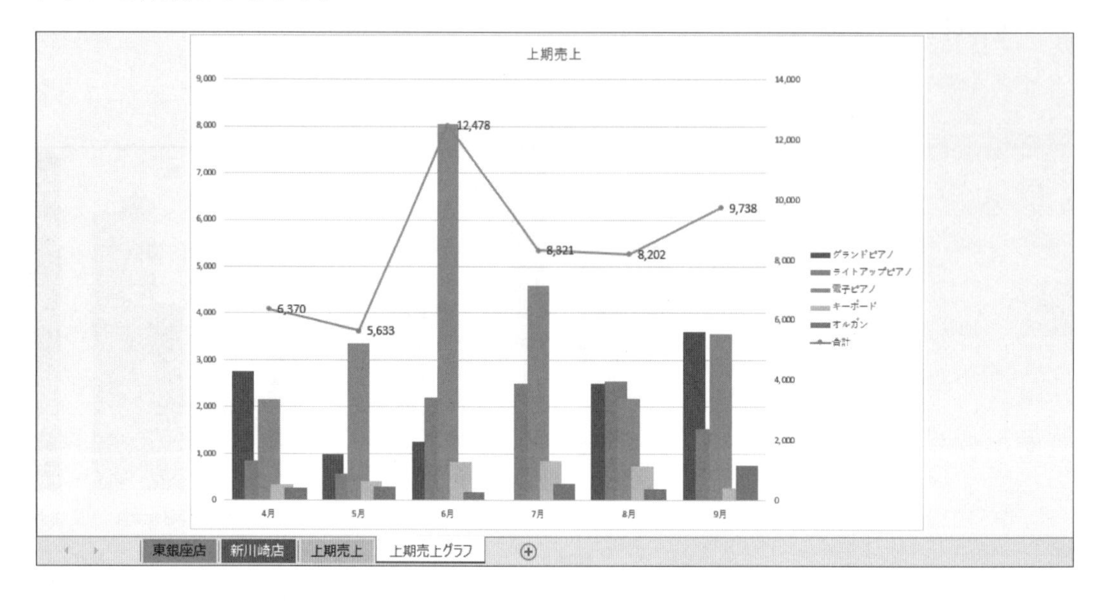

Hint!

- ●複合グラフ　　　：集合縦棒・マーカー付き折れ線
- ●グラフの場所　　：新しいシート「**上期売上グラフ**」
- ●グラフのレイアウト：「**レイアウト10**」
- ●データラベル　　：フォントサイズ「**12**」

Advice

- 各分類の売上を表す縦棒グラフと全体の合計を表す折れ線グラフで複合グラフを作成します。

ブックに「**Lesson52**」と名前を付けて保存しましょう。
「**Lesson54**」で使います。

Lesson 53 第6章 上期売上表

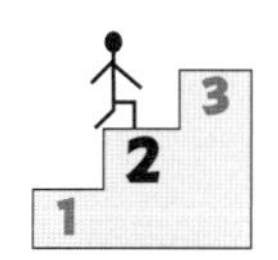

難易度

ブック「Lesson42」を開きましょう。

スパークラインを作成しましょう。

	A	B	C	D	E	F	G	H	I	J	K
1	上期売上表										
2									単位：千円		
3	分類	4月	5月	6月	7月	8月	9月	合計	構成比	推移	
4	グランドピアノ	2,750	980	1,250	0	2,500	3,600	11,080	21.8%		
5	ライトアップピアノ	850	580	2,194	2,500	2,545	1,544	10,213	20.1%		
6	電子ピアノ	2,160	3,357	8,047	4,595	2,192	3,569	23,920	47.1%		
7	キーボード	334	414	817	856	727	268	3,416	6.7%		
8	オルガン	276	302	170	370	238	757	2,113	4.2%		
9	合計	6,370	5,633	12,478	8,321	8,202	9,738	50,742	100.0%		
10											
11											
12											
13											
14											
15											

東銀座店 | 新川崎店 | 上期売上

Hint!

- ●セル【J3】　：太字・塗りつぶしの色「ゴールド、アクセント4、白+基本色40%」
- ●セル【J9】　：塗りつぶしの色「ゴールド、アクセント4、白+基本色40%」
- ●J列　：列の幅「12」
- ●4行目～8行目：行の高さ「33」
- ●スパークライン：スタイル「濃い黄, スパークラインスタイル アクセント4、黒+基本色50%」
  スパークラインの軸の最小値「すべてのスパークラインで同じ値」
  最大値を強調

ブックに「Lesson53」と名前を付けて保存しましょう。

Lesson 54 第6章 上期売上グラフ

解答 ▶ P.31

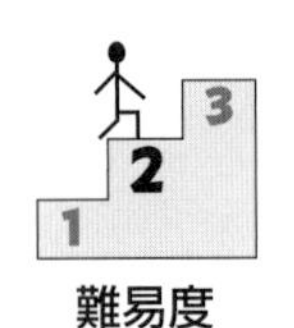

難易度

ブック「**Lesson52**」を開きましょう。

グラフを編集しましょう。

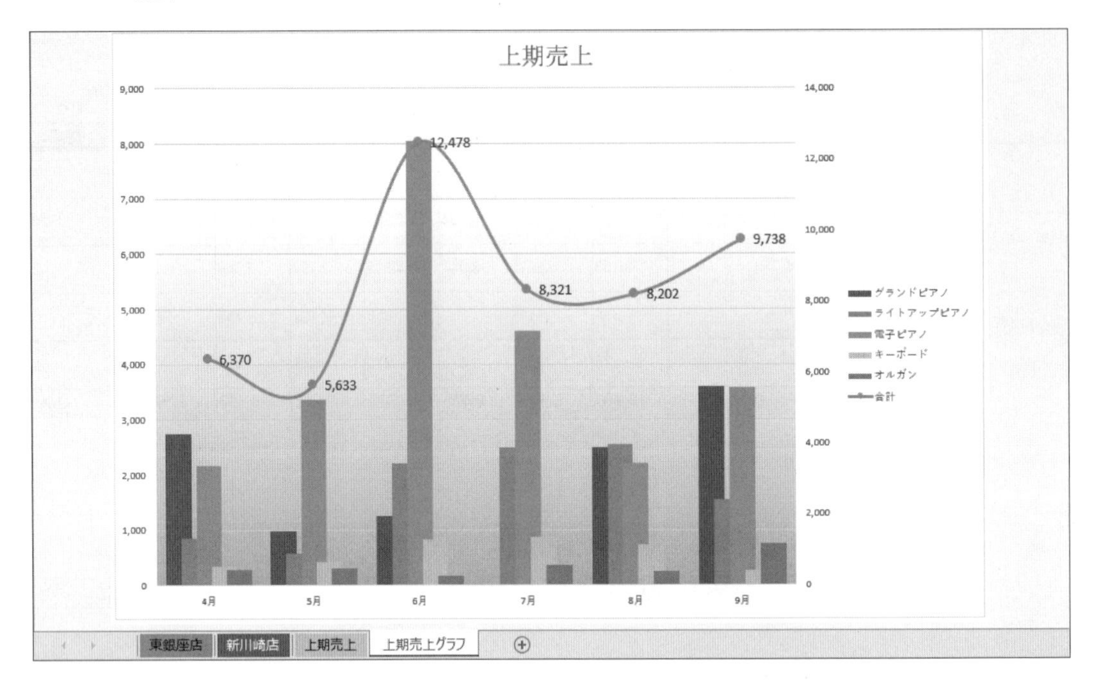

Hint!

- グラフタイトル　　：フォント「**MSP明朝**」・フォントサイズ「**20**」
- データ系列（合計）：線の幅「**3pt**」・スムージング・マーカー「**●**」・マーカーのサイズ「**8**」
- プロットエリア　　：塗りつぶし（グラデーション）
  線形・下方向・0%地点の分岐点「**白、背景1**」・100%地点の分岐点「**白、背景1、黒+基本色25%**」

ブックに「**Lesson54**」と名前を付けて保存しましょう。
「**Lesson62**」で使います。

Lesson 55 第6章 栄養成分表

解答 ▶ P.32

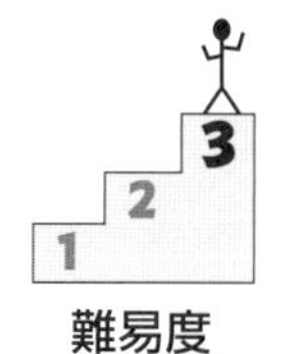
難易度

ブック「Lesson49」を開きましょう。

グラフを編集しましょう。

野菜の栄養成分表（100gあたり）

食品名	エネルギー（kcal）	たんぱく質（g）	脂質（g）	炭水化物（g）
アスパラガス	22	2.6	0.2	3.9
キャベツ	23	1.3	0.2	5.2
レタス	23	0.6	0.1	2.8
トマト	19	0.7	0.1	4.7
にんじん	37	0.6	0.1	9
ブロッコリー	33	4.3	0.5	5.2
ホウレン草	20	2.2	0.4	3.1

Hint!

- グラフスタイル：**「スタイル7」**
- グラフエリア　：角を丸くする

Advice

- グラフエリアは、**《グラフエリアの書式設定》**作業ウィンドウを使って角を丸くできます。

ブックに**「Lesson55」**と名前を付けて保存しましょう。
「Lesson67」で使います。

Lesson 56 第6章 身体測定結果

解答 ▶ P.32

難易度

ブック「**Lesson50**」を開きましょう。

グラフを編集しましょう。

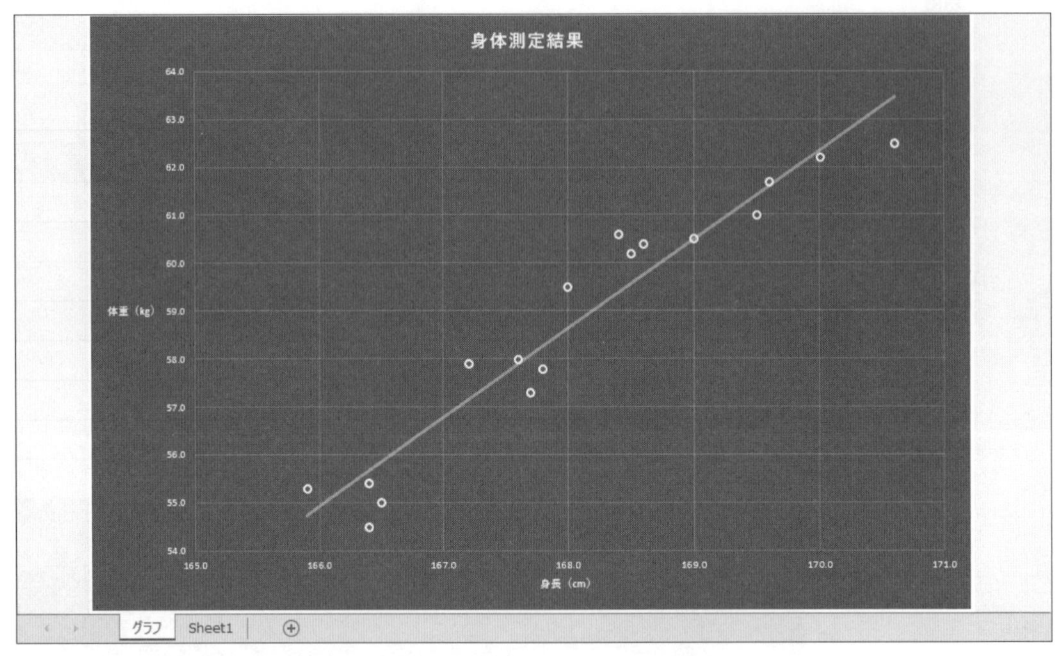

- グラフスタイル：「**スタイル8**」
- 近似曲線　　：線形

ブックに「**Lesson56**」と名前を付けて保存しましょう。

Lesson 57 第6章 支店別売上グラフ

解答 ▶ P.32

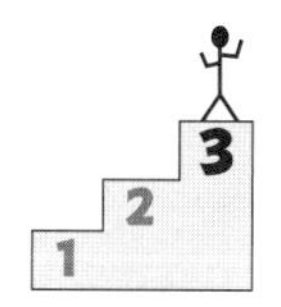
難易度

ブック「**Lesson51**」を開きましょう。

グラフを編集しましょう。

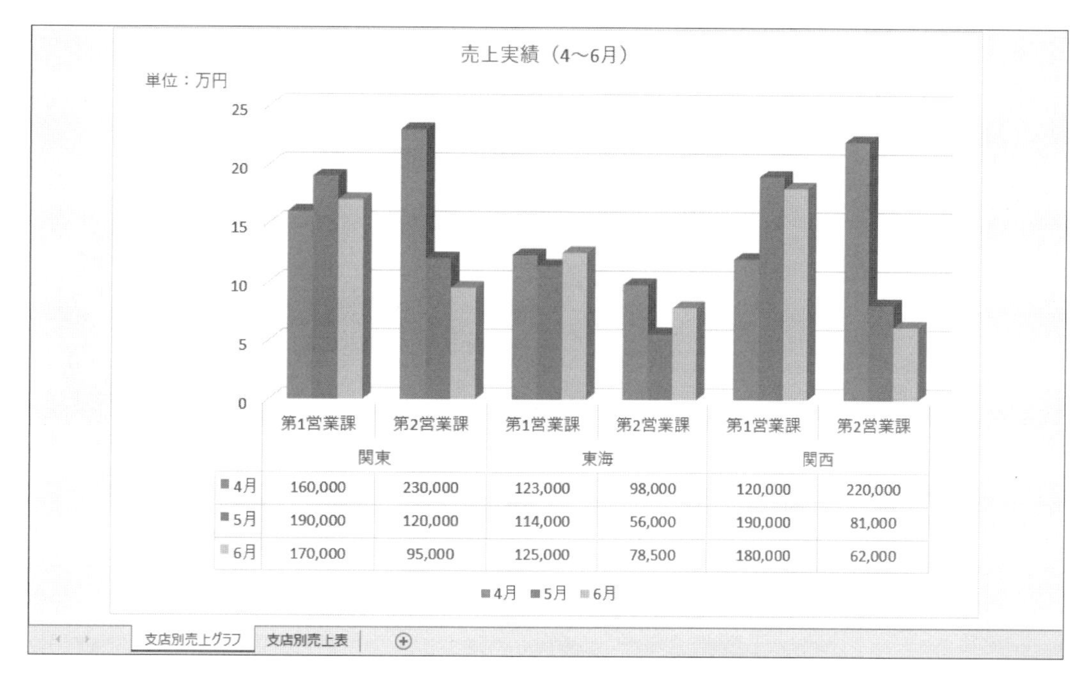

	関東		東海		関西	
	第1営業課	第2営業課	第1営業課	第2営業課	第1営業課	第2営業課
4月	160,000	230,000	123,000	98,000	120,000	220,000
5月	190,000	120,000	114,000	56,000	190,000	81,000
6月	170,000	95,000	125,000	78,500	180,000	62,000

Hint!

- グラフタイトル　：フォントサイズ「**16**」・フォントの色「**青**」
- 値軸　　　　　　：表示単位「**万**」
- 表示単位ラベル：「**単位：万円**」
- データ系列の色：「**カラフルなパレット4**」

Advice

- 表示単位ラベルの文字列の方向は、**《表示単位ラベルの書式設定》**作業ウィンドウを使って変更できます。

ブックに「**Lesson57**」と名前を付けて保存しましょう。

Lesson 58 第6章 販売数割合

PDF 解答 ▶ P.33

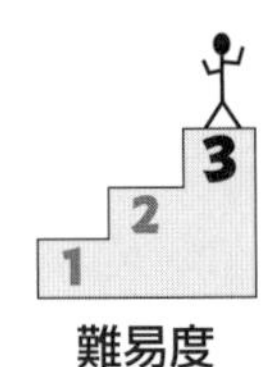

難易度

ブック「**Lesson24**」を開きましょう。

グラフを作成しましょう。

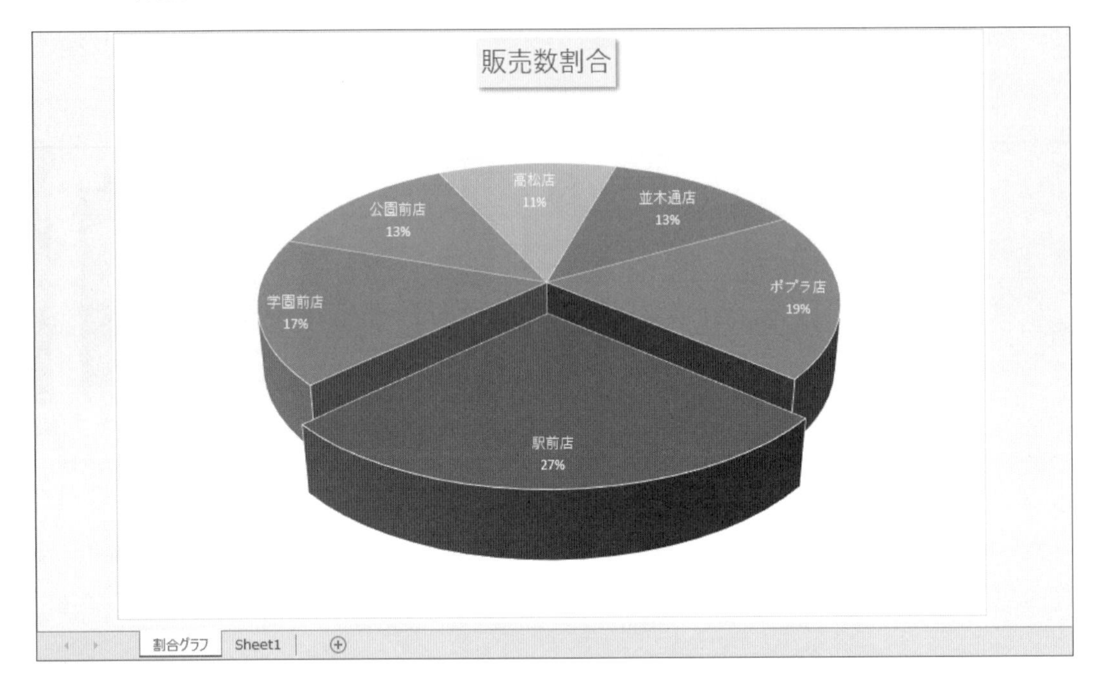

Hint!

- グラフの場所 ：新しいシート「**割合グラフ**」
- レイアウト ：「**レイアウト1**」
- グラフタイトル：フォントサイズ「**22**」
  フォントの色「**オレンジ、アクセント2、黒+基本色50%**」
  塗りつぶしの色「**ゴールド、アクセント4、白+基本色80%**」
  影のスタイル「**オフセット：右下**」
- データラベル ：フォントサイズ「**12**」・フォントの色「**白、背景1**」
- 基線位置 ：「**130°**」

Advice

- 各店における販売数の合計の割合を表す円グラフを作成します。
- フォントサイズの一覧にないサイズを指定する場合は、14（フォントサイズ）に直接入力します。
- 基線位置を変更すると、円グラフを回転できます。基線位置は、《**データ系列の書式設定**》作業ウィンドウを使って設定できます。

ブックに「**Lesson58**」と名前を付けて保存しましょう。

Lesson 59 第6章 模擬試験成績表

解答 ▶ P.34

難易度

ブック「**Lesson30**」を開きましょう。

グラフを作成しましょう。

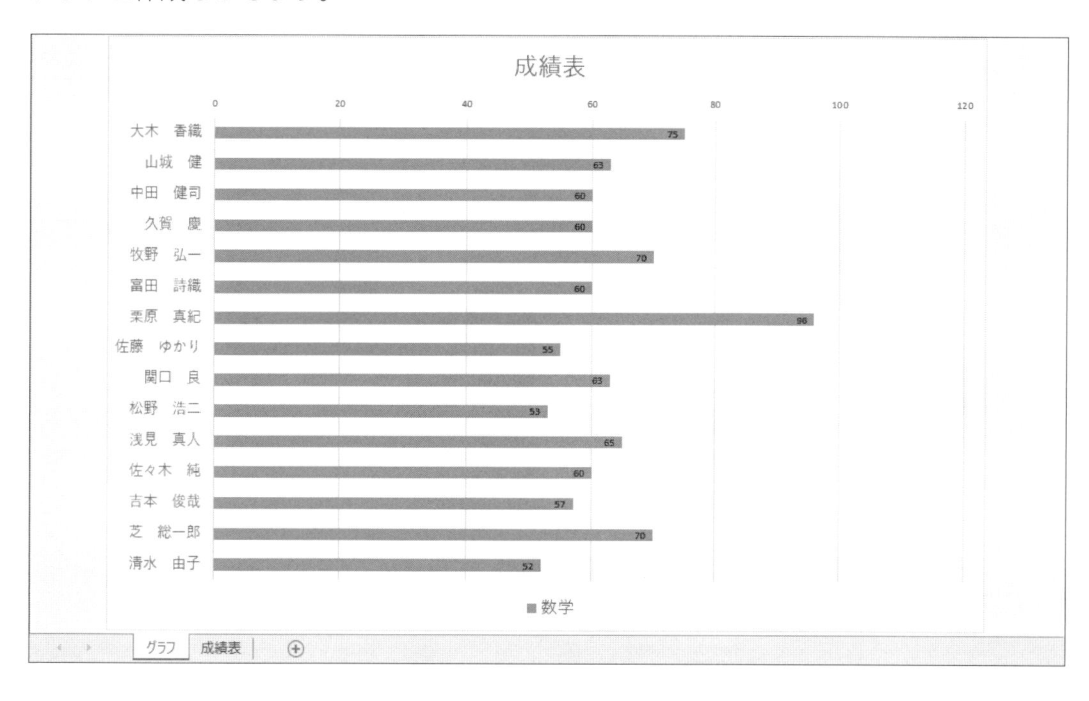

Hint!

- ●グラフの場所　：新しいシート「**グラフ**」
- ●グラフタイトル　：フォントサイズ「**20**」
- ●凡例　：フォントサイズ「**14**」
- ●項目軸　：フォントサイズ「**12**」
- ●グラフフィルター：数学のみ表示

Advice

- 各教科の点数を表す積み上げ横棒グラフを作成します。おすすめグラフを使うと、簡単に目的のグラフを作成できます。
- 項目軸を反転させ、表示する順序を変更します。
- 一部のデータ系列のみ表示させる場合は、[▼]（グラフフィルター）を使います。

ブックに「**Lesson59**」と名前を付けて保存しましょう。

Lesson 60 第6章 試験結果

解答 ▶ P.34

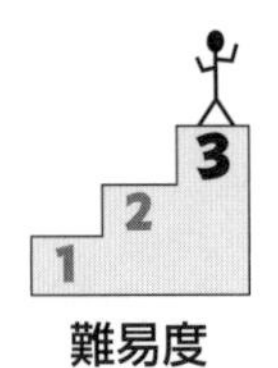
難易度

ブック「Lesson33」を開きましょう。

グラフを作成しましょう。

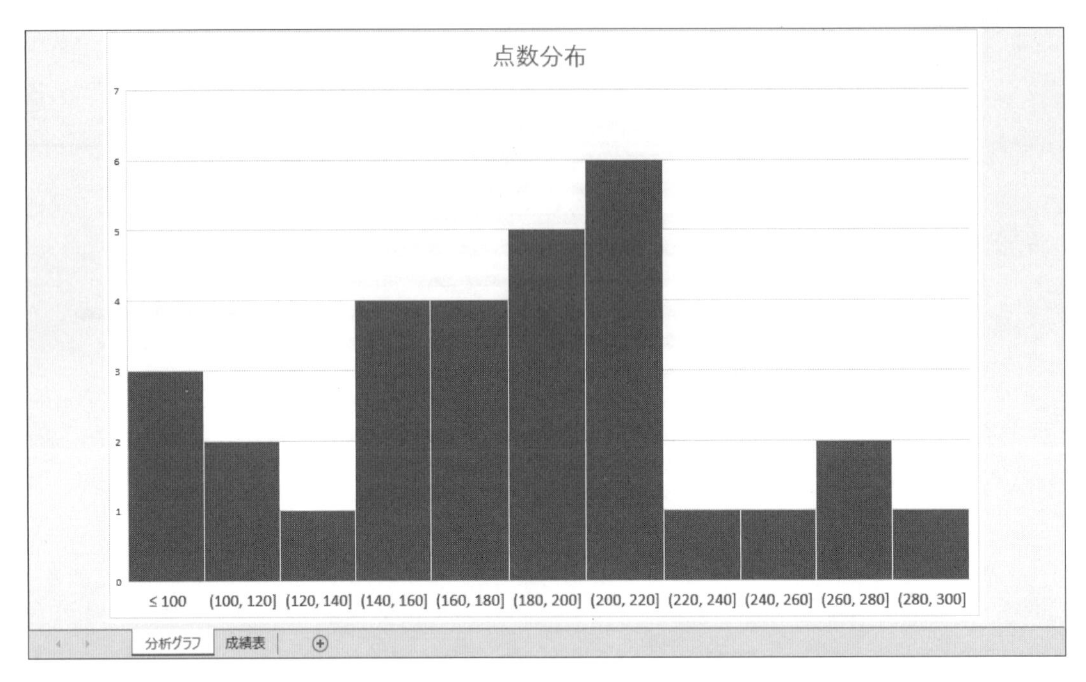

Hint!

- グラフの場所 ：新しいシート「**分布グラフ**」
- グラフタイトル：フォントサイズ「**20**」
- 横軸 ：ビンの幅「**20**」・ビンのアンダーフロー「**100**」・フォントサイズ「**14**」

Advice

- 合計点の分布を表すヒストグラムを作成します。ヒストグラムは、データの分布を表す統計図の一つで、縦軸に値の数、横軸に値の範囲を取り、各階級に含まれる度数を棒グラフにして並べたものです。
- ヒストグラムのビンとは、区間の幅のことで、間隔や最低値を設定することができます。

ブックに「Lesson60」と名前を付けて保存しましょう。

よくわかる

第7章

Chapter 7

グラフィック機能を使って表現力をアップする

Lesson 61 第7章 セミナーアンケート結果

解答 ▶ P.36

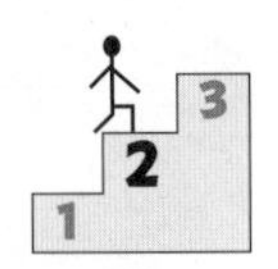

難易度

ブック「Lesson43」を開きましょう。

図形を作成しましょう。

	A	B	C	D	E	F	G
1	体験セミナーアンケート結果						
2							
3	回答者	性別	お店の数	体験時間	感想	次回のイベント	
4	T050	男	多い	長い	つまらない	不参加	
5	T051	女	普通	普通	楽しい	参加	
6	T052	女	少ない	長い	楽しい	参加	
7	T053	女	少ない	短い	楽しい	参加	
8	T054	男	少ない	長い	楽しい	参加	
9	T055	女	多い	普通	楽しい	参加	
10	T056	女	少ない	長い	楽しい	参加	
11	T057	男	多い	長い	つまらない	不参加	
12	T058	女	普通	長い	楽しい	参加	
23	T069	女	多い	普通	楽しい	不参加	
24	T070	女	普通	普通	楽しい	参加	
25	T071	女	多い	長い	楽しい	参加	

アンケート項目
Q1　働く体験の「お店」の数は？　〔多い・普通・少ない〕
Q2　体験時間は？　〔長い・普通・短い〕
Q3　体験セミナーの感想は？　〔楽しい・つまらない〕
Q4　次回のイベントの参加は？　〔参加・不参加〕

Sheet1

●図形：「スクロール：横」・スタイル「パステル-青、アクセント5」・図形の効果「影　オフセット：右」
フォント「MS ゴシック」

ブックに「Lesson61」と名前を付けて保存しましょう。
「Lesson69」で使います。

Lesson 62 上期売上グラフ

解答 ▶ P.36

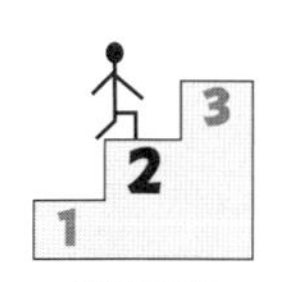
難易度

ブック「Lesson54」を開きましょう。

図形を作成しましょう。

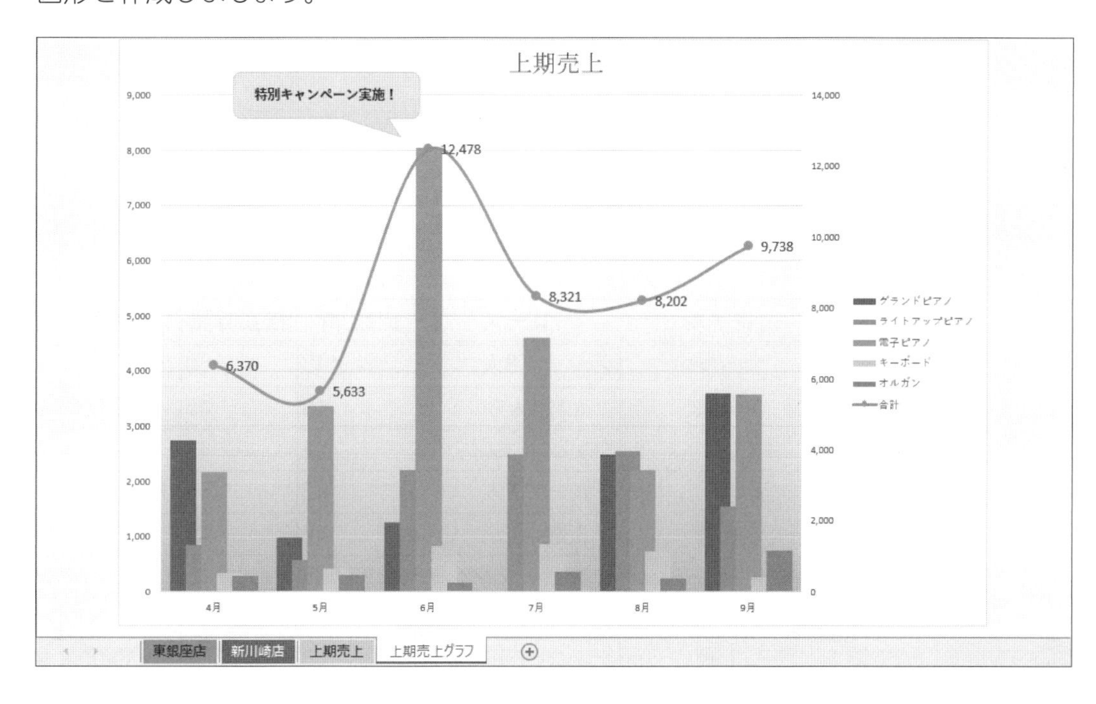

Hint!

● 図形：「吹き出し：角を丸めた四角形」・スタイル「パステル-ゴールド、アクセント4」・太字・配置「中央揃え」「上下中央揃え」

ブックに「Lesson62」と名前を付けて保存しましょう。

Lesson 63 第7章 英会話コース一覧

解答 ▶ P.37

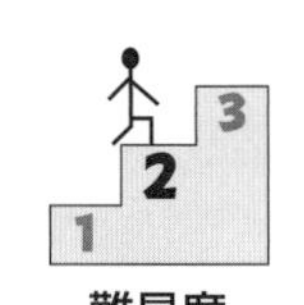

難易度

ブック「**Lesson2**」を開きましょう。

ワードアートとSmartArtグラフィックを挿入しましょう。

	A	B	C	D	E	F	G
1	**FOM英会話スクール**						
2							
3	基本コース一覧表						
4							
5							
6	**レベル**	**コース**	**回数/年**	**授業時間**	**教材費**	**受講料**	
7	初級	グループ8人	48	50	¥25,000	¥240,000	
8		少人数4人	48	45	¥30,000	¥360,000	
9		マンツーマン	48	40	¥30,000	¥456,000	
10	中級	グループ8人	45	50	¥25,000	¥225,000	
11		少人数4人	45	45	¥30,000	¥337,000	
12		マンツーマン	45	40	¥30,000	¥405,000	
13	上級	少人数4人	40	45	¥25,000	¥300,000	
14		ディスカッション	40	30	¥30,000	¥260,000	
15		ビジネス英語	40	50	¥30,000	¥260,000	

特長
基本9コース
外国人講師
受講日フリー
リーズナブル
安心サポート

Hint!

●ワードアート	:スタイル「**塗りつぶし:ゴールド、アクセントカラー4;面取り(ソフト)**」・フォントサイズ「**32**」・文字の効果「**面取り　角度**」
●SmartArtグラフィック	:「**基本放射**」・スタイル「**グラデーション**」・フォントサイズ「**12**」・太字
●SmartArtグラフィックの場所	:セル範囲【**A17:F35**】

Advice

- ワードアート全体のフォントやフォントサイズを変更するには、ワードアート上の文字上をクリックし、ワードアートの枠線をクリックします。
- SmartArtグラフィックに文字を入力するときは、テキストウィンドウを使うと効率的です。
- 「**基本放射**」は、「**循環**」に分類されます。
- SmartArtグラフィックを作成すると、あらかじめ色とスタイルが適用されますが、あとから変更できます。

ブックに「**Lesson63**」と名前を付けて保存しましょう。

Lesson 64 第7章 体制表

PDF 解答 ▶ P.37

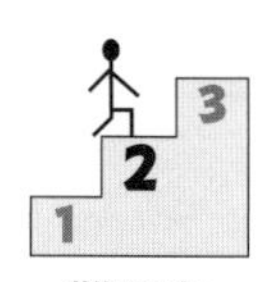

難易度

新しいブックを作成しましょう。

SmartArtグラフィックを挿入しましょう。

Hint!

- タイトル　　　　　　　　　：フォントサイズ**「20」**
- SmartArtグラフィック　　　：**「組織図」**・色**「カラフル-アクセント4から5」**・スタイル**「立体グラデーション」**・フォントサイズ**「14」**・太字
- SmartArtグラフィックの場所：セル範囲**【A4：H23】**

Advice

- **「組織図」**は、**「階層構造」**に分類されます。

ブックに**「Lesson64」**と名前を付けて保存しましょう。

Lesson 65 第7章 お見積書

解答 ▶ P.38

ブック「**Lesson39**」を開きましょう。

図形を作成しましょう。

	A	B	C	D	E	F
1					2020年6月1日	
2					No.0100	
3	お見積書					
4						
5	お名前	高島恵子　様				
6	ご住所	東京都杉並区清水X-X-X				
7	お電話番号	03-3311-XXXX				
8				エフオーエム家具株式会社		
9				〒105-0022　東京都港区海岸X-X		
10				03-5401-XXXX		
11						
12	平素よりご用命を賜りまして厚く御礼申し上げます。				担当者	印
13	以下のとおり、お見積りさせていただきます。					
14						
15						
16	**合計金額**	**¥69,740**				
17						
18	明細					
19	**商品番号**	**商品名**	**販売価格**	**数量**	**金額**	
20	1031	パソコンローデスク	¥19,800	1	¥19,800	
21	2011	座椅子	¥10,000	1	¥10,000	
22	2032	OAチェア（肘掛け付き）	¥16,800	2	¥33,600	
23						
24						
25			**小計**		¥63,400	
26			**消費税**	**10%**	¥6,340	
27			**合計**		¥69,740	
28						

お見積書　商品リスト

Hint!

- シートの保護の解除
- 図形：「**正方形/長方形**」・塗りつぶしの色「**白、背景1**」・線の色「**黒、テキスト1**」
  線の太さ「**0.75pt**」・フォントの色「**黒、テキスト1**」
  配置「**中央揃え**」「**上下中央揃え**」

Advice

- ブック「**Lesson39**」はシートが保護されているので、作成前にシートの保護を解除します。
- 担当者の押印欄は、四角形を2つ組み合わせて作成します。1つ目の図形を作成して書式を設定後、コピーすると効率的です。
- [Ctrl]＋[Shift]を押しながら図形をドラッグすると、水平方向または垂直方向にコピーできます。
- 作成後はシートを保護します。

ブックに「**Lesson65**」と名前を付けて保存しましょう。

Lesson 66 第7章 案内状

PDF 解答 ▶ P.39

難易度

ブック「**Lesson38**」を開きましょう。

画像を挿入しましょう。

	A	B	C	D	E	F	G	H	I
1							2020年7月1日		
2	緑山　幸太郎　様								
3						アジアンタムハウス			
4						〒220-0005			担当者一覧
5						横浜市西区南幸X-X			氏名
6						TEL：045-317-XXXX			吉村　圭司
7						FAX：045-317-XXXX			山川　巽
8									鈴木　優衣
9	新築分譲マンションのご案内								真田　要
10									後藤　謙造
11	時下ますますご清祥の段、お慶び申し上げます。日頃は大変お世話になっております。								石本　尚子
12	ご希望の条件でお調べしました結果、次の物件がございました。								平田　紀子
13	各物件、モデルルームを公開しております。								今井　昇
14	ご案内させていただきますので、ぜひご連絡ください。お待ちしております。								青山　一也
15						担当：	後藤　謙造		野瀬　克己
16									
17	物件名	沿線	最寄駅	徒歩（分）	販売価格（万円）	間取り	面積（㎡）		
18	アイビー横浜海岸通り	京浜東北線	関内	10	6,880	3LDK	72		
19	オーガスタ戸塚	東海道本線	戸塚	15	4,380	2LDK	50		
20	横浜山手ブラッサイア	根岸線	山手	12	5,690	2LDK	52		
21	ホリスガーデン川崎	東海道本線	川崎	10	4,600	2LDK	54		
22	川崎モンステラ	東海道本線	川崎	15	4,710	2LDK	52		
23									
24									

案内状

Hint!

- 画像：「**logo**」
  サイズ「**50%**」
  縦横比を固定する

Advice

- 画像「**logo**」はダウンロードしたフォルダー「**Excel2019演習問題集**」のフォルダー「**画像**」の中に収録されています。《**PC**》→《**ドキュメント**》→「**Excel2019演習問題集**」→「**画像**」から挿入してください。

ブックに「**Lesson66**」と名前を付けて保存しましょう。

よくわかる

第8章

Chapter 8

データベース機能を使ってデータを活用する

Lesson 67 第8章 栄養成分表

PDF 解答 ▶ P.40

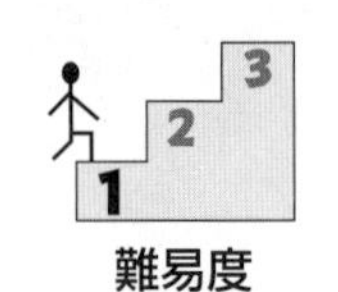

難易度

ブック「**Lesson55**」を開きましょう。

データを並べ替えましょう。

	A	B	C	D	E
1	野菜の栄養成分表（100gあたり）				
2					
3	食品名	エネルギー（kcal）	たんぱく質（g）	脂質（g）	炭水化物（g）
4	レタス	23	0.6	0.1	2.8
5	トマト	19	0.7	0.1	4.7
6	にんじん	37	0.6	0.1	9
7	アスパラガス	22	2.6	0.2	3.9
8	キャベツ	23	1.3	0.2	5.2
9	ホウレン草	20	2.2	0.4	3.1
10	ブロッコリー	33	4.3	0.5	5.2

●並べ替え：「**脂質（g）**」の小さい順
「**脂質（g）**」が同じ場合は、「**炭水化物（g）**」の小さい順

ブックに「**Lesson67**」と名前を付けて保存しましょう。

Lesson 68 第8章 売上一覧表

解答 ▶ P.40

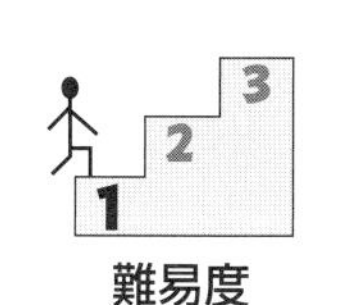

難易度

ブック**「Lesson22」**を開きましょう。

テーブルに変換し、データを抽出しましょう。

▶「商品名」が「アップル」または「オリジナルブレンド」のレコードを抽出

	A	B	C	D	E	F	G	H	I	J
1					売上一覧表					
2										
3	番号	日付	店名	担当者	商品名	分類	単価	数量	売上高	
8	5	6月5日	新宿	河上友也	アップル	紅茶	1,600	40	64,000	
9	6	6月5日	渋谷	木村健三	アップル	紅茶	1,600	20	32,000	
14	11	6月12日	品川	佐藤貴子	オリジナルブレンド	コーヒー	1,800	20	36,000	
23	20	7月6日	原宿	鈴木大河	オリジナルブレンド	コーヒー	1,800	30	54,000	
29	26	7月15日	渋谷	林一郎	オリジナルブレンド	コーヒー	1,800	30	54,000	
30	27	7月16日	新宿	河上友也	アップル	紅茶	1,600	50	80,000	
38	35	7月28日	新宿	竹田誠一	オリジナルブレンド	コーヒー	1,800	30	54,000	
42										
43										

売上表

▶「店名」が「渋谷」または「原宿」で、「売上高」が30,000以上のレコードを抽出

	A	B	C	D	E	F	G	H	I	J
1					売上一覧表					
2										
3	番号	日付	店名	担当者	商品名	分類	単価	数量	売上高	
4	1	6月1日	原宿	鈴木大河	ダージリン	紅茶	1,200	30	36,000	
9	6	6月5日	渋谷	木村健三	アップル	紅茶	1,600	20	32,000	
13	10	6月12日	原宿	鈴木大河	アールグレイ	紅茶	1,000	50	50,000	
15	12	6月16日	渋谷	林一郎	キリマンジャロ	コーヒー	1,000	30	30,000	
18	15	6月22日	渋谷	木村健三	アールグレイ	紅茶	1,000	40	40,000	
20	17	6月24日	渋谷	林一郎	モカ	コーヒー	1,500	20	30,000	
23	20	7月6日	原宿	鈴木大河	オリジナルブレンド	コーヒー	1,800	30	54,000	
26	23	7月10日	原宿	鈴木大河	アールグレイ	紅茶	1,000	50	50,000	
29	26	7月15日	渋谷	林一郎	オリジナルブレンド	コーヒー	1,800	30	54,000	
31	28	7月17日	渋谷	林一郎	キリマンジャロ	コーヒー	1,000	40	40,000	
42										
43										

売上表

Hint!

- テーブル：スタイル**「オレンジ，テーブルスタイル（中間）3」**
- 抽出　：**「商品名」**が**「アップル」**または**「オリジナルブレンド」**のレコード
- 抽出　：**「店名」**が**「渋谷」**または**「原宿」**で、**「売上高」**が30,000以上のレコード

Advice

- もとになるセル範囲に書式が設定されていると、あらかじめ設定されていた書式とテーブルスタイルの書式が重なって見栄えが悪くなることがあります。テーブルに変換する前に、項目行の塗りつぶしの色を**「塗りつぶしなし」**に設定しておくとよいでしょう。
- 前の条件をクリアしてから、次の条件でデータを抽出しましょう。

ブックに**「Lesson68」**と名前を付けて保存しましょう。

第8章

Lesson 69 セミナーアンケート結果

解答 ▶ P.40

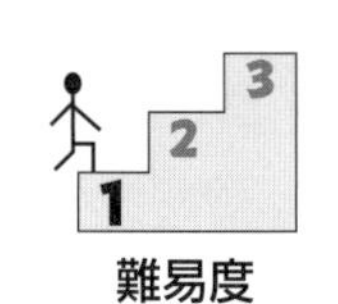

難易度

ブック「**Lesson61**」を開きましょう。

データを抽出し、並べ替えましょう。

▶「お店の数」が「普通」または「少ない」、「体験時間」が「短い」レコードを抽出

	A	B	C	D	E	F	G
1	体験セミナーアンケート結果						
2							
3	回答者	性別	お店の数	体験時間	感想	次回のイベン	
7	T053	女	少ない	短い	楽しい	参加	
15	T061	男	少ない	短い	つまらない	不参加	
26							

アンケート項目
Q1　働く体験の「お店」の数は？　〔多い・普通・少ない〕
Q2　体験時間は？　〔長い・普通・短い〕
Q3　体験セミナーの感想は？　〔楽しい・つまらない〕
Q4　次回のイベントの参加は？　〔参加・不参加〕

▶「次回のイベント」のセルの色が明るい赤のレコードを抽出

	A	B	C	D	E	F	G
1	体験セミナーアンケート結果						
2							
3	回答者	性別	お店の数	体験時間	感想	次回のイベン	
4	T050	男	多い	長い	つまらない	不参加	
11	T057	男	多い	長い	つまらない	不参加	
14	T060	男	普通	長い	楽しい	不参加	
15	T061	男	少ない	短い	つまらない	不参加	
16	T062	女	多い	短い	つまらない	不参加	
23	T069	女	多い	普通	楽しい	不参加	
26							

アンケート項目
Q1　働く体験の「お店」の数は？　〔多い・普通・少ない〕
Q2　体験時間は？　〔長い・普通・短い〕
Q3　体験セミナーの感想は？　〔楽しい・つまらない〕
Q4　次回のイベントの参加は？　〔参加・不参加〕

▶「次回のイベント」のセルの色が明るい赤のレコードを表の上に来るように並べ替え

	A	B	C	D	E	F	G
1	体験セミナーアンケート結果						
2							
3	回答者	性別	お店の数	体験時間	感想	次回のイベン	
4	T050	男	多い	長い	つまらない	不参加	
5	T057	男	多い	長い	つまらない	不参加	
6	T060	男	普通	長い	楽しい	不参加	
7	T061	男	少ない	短い	つまらない	不参加	
8	T062	女	多い	短い	つまらない	不参加	
9	T069	女	多い	普通	楽しい	不参加	
10	T051	女	普通	普通	楽しい	参加	
11	T052	女	少ない	長い	楽しい	参加	
12	T053	女	少ない	短い	楽しい	参加	
13	T054	男	少ない	長い	楽しい	参加	
14	T055	女	多い	普通	楽しい	参加	
15	T056	女	少ない	長い	楽しい	参加	
16	T058	女	普通	長い	楽しい	参加	
17	T059	男	多い	普通	楽しい	参加	
18	T063	男	普通	普通	楽しい	参加	
19	T064	女	普通	普通	楽しい	参加	
20	T065	女	少ない	長い	楽しい	参加	
21	T066	女	多い	短い	楽しい	参加	
22	T067	女	少ない	普通	楽しい	参加	
23	T068	女	多い	普通	楽しい	参加	
24	T070	女	普通	普通	楽しい	参加	
25	T071	女	多い	長い	楽しい	参加	
26							
27							
28	アンケート項目						
29	Q1　働く体験の「お店」の数は？　〔多い・普通・少ない〕						
30	Q2　体験時間は？　〔長い・普通・短い〕						
31	Q3　体験セミナーの感想は？　〔楽しい・つまらない〕						
32	Q4　次回のイベントの参加は？　〔参加・不参加〕						
33							

Hint!

- 抽出　　：「**お店の数**」が「**普通**」または「**少ない**」、「**体験時間**」が「**短い**」レコード
- 抽出　　：「**次回のイベント**」のセルの色が明るい赤のレコード
- 並べ替え：「**次回のイベント**」のセルの色が明るい赤のレコードを表の上に並べる

Advice

- 前の条件をクリアしてから、次の条件でデータを抽出・並べ替えましょう。

ブックに「**Lesson69**」と名前を付けて保存しましょう。

Lesson 70 第8章 売上一覧表

解答 ▶ P.41

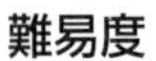

ブック「**Lesson22**」を開きましょう。

データを並べ替えましょう。

売上一覧表

番号	日付	店名	担当者	商品名	分類	単価	数量	売上高
2	6月2日	新宿	有川修二	キリマンジャロ	コーヒー	1,000	30	30,000
3	6月3日	新宿	有川修二	ダージリン	紅茶	1,200	20	24,000
9	6月11日	新宿	有川修二	アールグレイ	紅茶	1,000	50	50,000
18	6月29日	新宿	有川修二	モカ	コーヒー	1,500	10	15,000
36	7月29日	新宿	有川修二	モカ	コーヒー	1,500	20	30,000
5	6月5日	新宿	河上友也	アップル	紅茶	1,600	40	64,000
27	7月16日	新宿	河上友也	アップル	紅茶	1,600	50	80,000
29	7月20日	新宿	河上友也	アールグレイ	紅茶	1,000	30	30,000
4	6月4日	新宿	竹田誠一	ダージリン	紅茶	1,200	50	60,000
13	6月17日	新宿	竹田誠一	キリマンジャロ	コーヒー	1,000	20	20,000
35	7月28日	新宿	竹田誠一	オリジナルブレンド	コーヒー	1,800	30	54,000
14	6月18日	原宿	杉山恵美	キリマンジャロ	コーヒー	1,000	10	10,000
30	7月21日	原宿	杉山恵美	キリマンジャロ	コーヒー	1,000	20	20,000
31	7月22日	原宿	杉山恵美	モカ	コーヒー	1,500	10	15,000
37	7月30日	原宿	杉山恵美	キリマンジャロ	コーヒー	1,000	10	10,000
1	6月1日	原宿	鈴木大河	ダージリン	紅茶	1,200	30	36,000
7	6月8日	原宿	鈴木大河	ダージリン	紅茶	1,200	10	12,000
10	6月12日	原宿	鈴木大河	アールグレイ	紅茶	1,000	50	50,000
20	7月6日	原宿	鈴木大河	オリジナルブレンド	コーヒー	1,800	30	54,000
22	7月9日	原宿	鈴木大河	ダージリン	紅茶	1,200	10	12,000
23	7月10日	原宿	鈴木大河	アールグレイ	紅茶	1,000	50	50,000
11	6月12日	品川	佐藤貴子	オリジナルブレンド	コーヒー	1,800	20	36,000
19	7月1日	品川	佐藤貴子	モカ	コーヒー	1,500	45	67,500
25	7月14日	品川	佐藤貴子	モカ	コーヒー	1,500	50	75,000
34	7月24日	品川	佐藤貴子	モカ	コーヒー	1,500	40	60,000
8	6月10日	品川	畑山圭子	キリマンジャロ	コーヒー	1,000	20	20,000
16	6月23日	品川	畑山圭子	アールグレイ	紅茶	1,000	50	50,000
24	7月13日	品川	畑山圭子	モカ	コーヒー	1,500	30	45,000
33	7月24日	品川	畑山圭子	アールグレイ	紅茶	1,000	50	50,000
6	6月5日	渋谷	木村健三	アップル	紅茶	1,600	20	32,000
15	6月22日	渋谷	木村健三	アールグレイ	紅茶	1,000	40	40,000
21	7月8日	渋谷	木村健三	アールグレイ	紅茶	1,000	20	20,000
32	7月23日	渋谷	木村健三	アールグレイ	紅茶	1,000	20	20,000
38	7月31日	渋谷	木村健三	アールグレイ	紅茶	1,000	20	20,000
12	6月16日	渋谷	林一郎	キリマンジャロ	コーヒー	1,000	30	30,000
17	6月24日	渋谷	林一郎	モカ	コーヒー	1,500	20	30,000
26	7月15日	渋谷	林一郎	オリジナルブレンド	コーヒー	1,800	30	54,000
28	7月17日	渋谷	林一郎	キリマンジャロ	コーヒー	1,000	40	40,000

売上表

Hint!

●並べ替え：「**店名**」を「**新宿**」、「**原宿**」、「**品川**」、「**渋谷**」の順
「**店名**」が同じ場合は、「**担当者**」の五十音順

Advice

- 独自に指定した順序で並べ替えを行う場合は、「**ユーザー設定リスト**」を作成します。
- 並べ替え後は、ユーザー設定リストを削除します。

ブックに「**Lesson70**」と名前を付けて保存しましょう。
「**Lesson73**」で使います。

Lesson 71 第8章 売上一覧表

解答▶P.41

難易度

ブック「**Lesson22**」を開きましょう。

データを集計しましょう。

	A	B	C	D	E	F	G	H	I	J
1					売上一覧表					
2										
3	番号	日付	店名	担当者	商品名	分類	単価	数量	売上高	
14					アールグレイ 集計				380,000	
18					アップル 集計				176,000	
24					ダージリン 集計				144,000	
25						紅茶 集計			700,000	
30					オリジナルブレンド 集計				198,000	
39					キリマンジャロ 集計				180,000	
48					モカ 集計				337,500	
49						コーヒー 集計			715,500	
50						総計			1,415,500	
51										

Hint!

- ●「**分類**」ごとの売上高と「**商品名**」ごとの売上高を集計
- ●集計結果の小計と総計の行だけを表示

Advice

- 小計を使うと、表のデータをグループに分類して、グループごとに合計を求めたり、平均を求めたりできます。
- 小計を使う場合は、あらかじめ集計する項目ごとにデータを並べ替えておきます。
- 複数の項目の集計行を追加する場合は、**《現在の小計をすべて置き換える》**を☐にします。
- 小計を実行すると、表に自動的にアウトラインが作成されます。
アウトライン記号を使って、上位レベルだけを表示したり、全レベルを表示したりできます。

ブックに「**Lesson71**」と名前を付けて保存しましょう。

Lesson 72 第8章 売上一覧表

PDF 解答 ▶ P.42

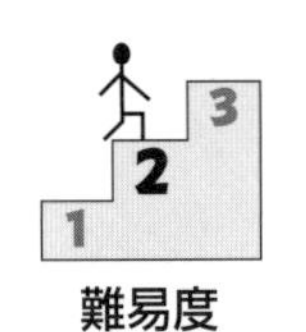

ブック「**Lesson22**」を開きましょう。

テーブルに変換し、データを集計しましょう。

	A	B	C	D	E	F	G	H	I
1	売上一覧表								
2									
3	番号	日付	店名	担当者	商品名	分類	単価	数量	売上高
4	1	6月1日	原宿	鈴木大河	ダージリン	紅茶	1,200	30	36,000
5	2	6月2日	新宿	有川修二	キリマンジャロ	コーヒー	1,000	30	30,000
6	3	6月3日	新宿	有川修二	ダージリン	紅茶	1,200	20	24,000
7	4	6月4日	新宿	竹田誠一	ダージリン	紅茶	1,200	50	60,000
8	5	6月5日	新宿	河上友也	アップル	紅茶	1,600	40	64,000
9	6	6月5日	渋谷	木村健三	アップル	紅茶	1,600	20	32,000
10	7	6月8日	原宿	鈴木大河	ダージリン	紅茶	1,200	10	12,000
11	8	6月10日	品川	畑山圭子	キリマンジャロ	コーヒー	1,000	20	20,000
12	9	6月11日	新宿	有川修二	アールグレイ	紅茶	1,000	50	50,000
13	10	6月12日	原宿	鈴木大河	アールグレイ	紅茶	1,000	50	50,000
14	11	6月12日	品川	佐藤貴子	オリジナルブレンド	コーヒー	1,800	20	36,000
15	12	6月16日	渋谷	林一郎	キリマンジャロ	コーヒー	1,000	30	30,000
16	13	6月17日	新宿	竹田誠一	キリマンジャロ	コーヒー	1,000	20	20,000
17	14	6月18日	原宿	杉山恵美	キリマンジャロ	コーヒー	1,000	10	10,000
18	15	6月22日	渋谷	木村健三	アールグレイ	紅茶	1,000	40	40,000
19	16	6月23日	品川	畑山圭子	アールグレイ	紅茶	1,000	50	50,000
20	17	6月24日	渋谷	林一郎	モカ	コーヒー	1,500	20	30,000
21	18	6月29日	新宿	有川修二	モカ	コーヒー	1,500	10	15,000
22	19	7月1日	品川	佐藤貴子	モカ	コーヒー	1,500	45	67,500
23	20	7月6日	原宿	鈴木大河	オリジナルブレンド	コーヒー	1,800	30	54,000
24	21	7月8日	渋谷	木村健三	アールグレイ	紅茶	1,000	20	20,000
25	22	7月9日	原宿	鈴木大河	ダージリン	紅茶	1,200	10	12,000
26	23	7月10日	原宿	鈴木大河	アールグレイ	紅茶	1,000	50	50,000
27	24	7月13日	品川	畑山圭子	モカ	コーヒー	1,500	30	45,000
28	25	7月14日	品川	佐藤貴子	モカ	コーヒー	1,500	50	75,000
29	26	7月15日	渋谷	林一郎	オリジナルブレンド	コーヒー	1,800	30	54,000
30	27	7月16日	新宿	河上友也	アップル	紅茶	1,600	50	80,000
31	28	7月17日	渋谷	林一郎	キリマンジャロ	コーヒー	1,000	40	40,000
32	29	7月20日	新宿	河上友也	アールグレイ	紅茶	1,000	30	30,000
33	30	7月21日	原宿	杉山恵美	キリマンジャロ	コーヒー	1,000	20	20,000
34	31	7月22日	原宿	杉山恵美	モカ	コーヒー	1,500	10	15,000
35	32	7月23日	渋谷	木村健三	アールグレイ	紅茶	1,000	20	20,000
36	33	7月24日	品川	畑山圭子	アールグレイ	紅茶	1,000	50	50,000
37	34	7月24日	品川	佐藤貴子	モカ	コーヒー	1,500	40	60,000
38	35	7月28日	新宿	竹田誠一	オリジナルブレンド	コーヒー	1,800	30	54,000
39	36	7月29日	新宿	有川修二	モカ	コーヒー	1,500	20	30,000
40	37	7月30日	原宿	杉山恵美	キリマンジャロ	コーヒー	1,000	10	10,000
41	38	7月31日	渋谷	木村健三	アールグレイ	紅茶	1,000	20	20,000
42	集計								1,415,500

売上表

Hint!

- テーブル：スタイル「**オレンジ, テーブルスタイル（中間）3**」・売上高の集計行（合計）を表示
- I列　　：最適値の列の幅

Advice

- もとになるセル範囲に書式が設定されていると、あらかじめ設定されていた書式とテーブルスタイルの書式が重なって見栄えが悪くなることがあります。テーブルに変換する前に、項目行の塗りつぶしの色を「**塗りつぶしなし**」に設定しておくとよいでしょう。

ブックに「**Lesson72**」と名前を付けて保存しましょう。

よくわかる

第9章

Chapter 9

ピボットテーブルを使って データを集計・分析する

Lesson 73 第9章 売上分析

解答 ▶ P.43

ブック「**Lesson70**」を開きましょう。

ピボットテーブルを作成しましょう。

	A	B	C	D	E	F
1	店名	新宿				
2						
3	合計 / 売上高	列ラベル				
4	行ラベル	河上友也	竹田誠一	有川修二	総計	
5	⊟コーヒー	0	74,000	75,000	149,000	
6	オリジナルブレンド	0	54,000	0	54,000	
7	キリマンジャロ	0	20,000	30,000	50,000	
8	モカ	0	0	45,000	45,000	
9	⊟紅茶	174,000	60,000	74,000	308,000	
10	アールグレイ	30,000	0	50,000	80,000	
11	アップル	144,000	0	0	144,000	
12	ダージリン	0	60,000	24,000	84,000	
13	総計	174,000	134,000	149,000	457,000	
14						
15						

Sheet2 ｜ 売上分析 ｜ 売上表

	A	B	C	D	E	F	G	H	I	J
1	番号	日付	店名	担当者	商品名	分類	単価	数量	売上高	
2	27	2020/7/16	新宿	河上友也	アップル	紅茶	1600	50	80000	
3	5	2020/6/5	新宿	河上友也	アップル	紅茶	1600	40	64000	
4										

Sheet2 ｜ 売上分析 ｜ 売上表

Hint!

シート「売上分析」

- ピボットテーブル：スタイル「**白，ピボットスタイル（中間）11**」
- 値エリアの空白セルに「**0**」を表示

シート「Sheet2」

- 「**河上友也**」の「**アップル**」の詳細データを表示
- B列：最適値の列の幅

Advice

- **《分析》**タブ→**《ピボットテーブル》**グループの オプション（ピボットテーブルオプション）を使うと、値エリアの空白セルに表示する値を設定できます。

ブックに「**Lesson73**」と名前を付けて保存しましょう。
「**Lesson74**」と「**Lesson75**」で使います。

Lesson 74 第9章 売上分析

解答 ▶ P.43

難易度

ブック**「Lesson73」**を開きましょう。

ピボットグラフを作成しましょう。

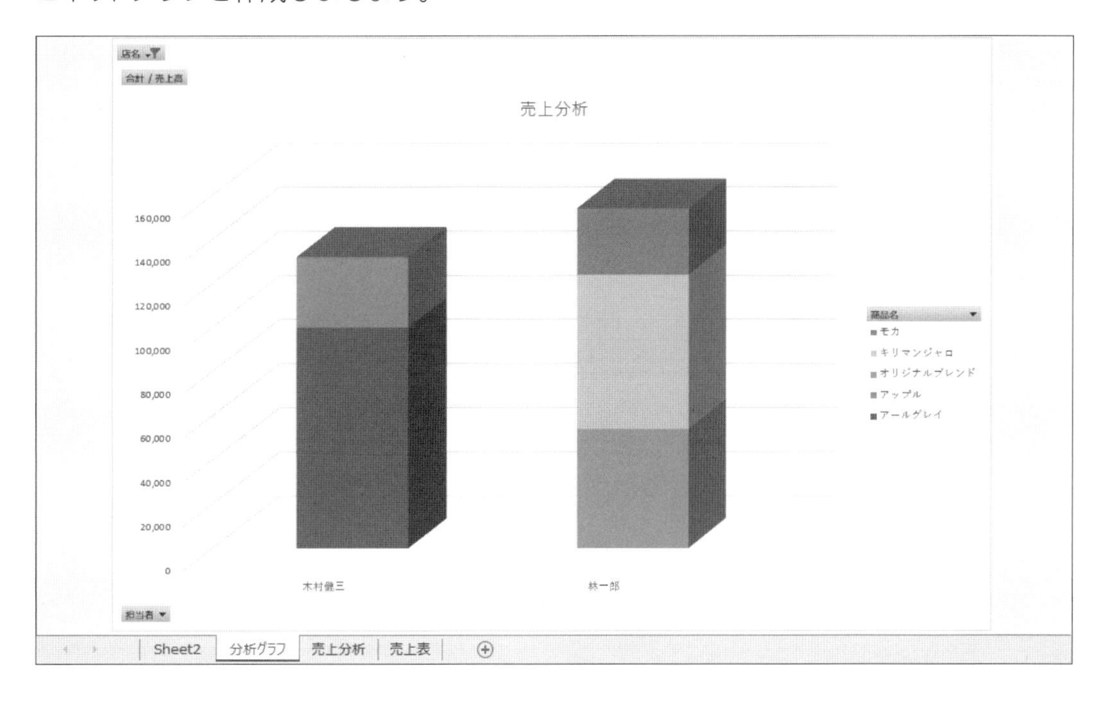

Hint!

●ピボットグラフの場所：新しいシート**「分析グラフ」**
●**「店名」**が**「渋谷」**のグラフを表示

Advice

- 担当者ごとの商品売上を表す積み上げ縦棒グラフを作成します。
- **「分類」**のフィールドは削除します。

ブックに**「Lesson74」**と名前を付けて保存しましょう。

Lesson 75 第9章 売上分析

PDF 解答 ▶ P.44

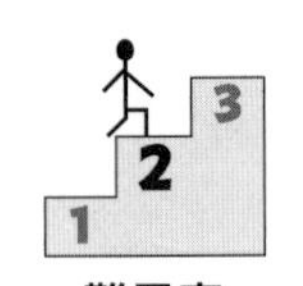

難易度

ブック「**Lesson73**」を開きましょう。

ピボットテーブルを編集しましょう。

	A	B	C	D	E	F	G	H
1	分類	コーヒー						
2								
3	合計 / 売上高	列ラベル						
4		6月	7月	総計				
5	行ラベル							
6	オリジナルブレンド	36,000	54,000	90,000				
7	キリマンジャロ	50,000	40,000	90,000				
8	モカ	30,000	247,500	277,500				
9	**総計**	**116,000**	**341,500**	**457,500**				
10								
11								
12								
13								
14								
15								

店名
原宿
渋谷
新宿
品川

Sheet2 売上分析 売上表

● スライサー：スタイル「**白，スライサースタイル（淡色）3**」・「**渋谷**」と「**品川**」の集計結果を表示

ブックに「**Lesson75**」と名前を付けて保存しましょう。

よくわかる

Exercise

総合問題

Lesson 76 総合問題1 売掛金管理

新しいブックを作成しましょう。

表を作成しましょう。

	A	B	C	D	E	F	G	H	I	J	K	L
1	売掛金管理（第1四半期）											
2												
3												単位：千円
4	コード	得意先名	前期繰越	4月			5月			6月		
5				売上	入金	残高	売上	入金	残高	売上	入金	残高
6	101	株式会社FV物産	1,300	5,200	4,000	2,500	6,000	6,000	2,500	6,300	4,000	4,800
7	102	海岸商事株式会社	2,100	3,200	1,500	3,800	4,200	0	8,000	5,000	8,000	5,000
8	103	株式会社八王子	10,000	6,100	0	16,100	5,000	11,000	10,100	8,200	8,200	10,100
9	104	株式会社竹芝電器	15,800	21,500	18,000	19,300	13,400	10,000	22,700	9,150	7,800	24,050
10	105	港屋産業株式会社	5,800	3,500	5,500	3,800	3,500	4,000	3,300	7,300	2,800	7,800
11	106	株式会社サウス物産	7,800	3,800	5,300	6,300	14,500	0	20,800	5,600	12,000	14,400
12	107	株式会社富士山商事	4,500	4,100	3,900	4,700	5,100	3,700	6,100	2,800	0	8,900
13	合計		47,300	47,400	38,200	56,500	51,700	34,700	73,500	44,350	42,800	75,050
14												
15												
16												
17												
18												

Hint!

- ●タイトル　：フォントサイズ「18」・太字
- ●項目　：太字・塗りつぶしの色**「緑、アクセント6、白＋基本色40%」**
- ●桁区切りスタイル
- ●B列　：最適値の列の幅

Advice

- **「101」**～**「107」**は、オートフィルを使って入力すると効率的です。
- 4月の残高は、**「前期繰越＋売上－入金」**を使って表示します。
  5月と6月の残高は、**「前月の残高＋売上－入金」**を使って表示します。4月の残高の数式をコピーすると効率的です。

ブックに**「Lesson76」**と名前を付けて保存しましょう。

総合問題2

会員リスト1

解答 ▶ P.46

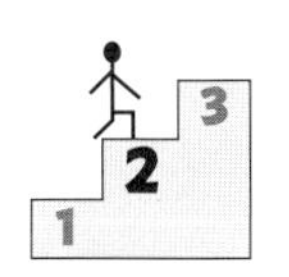

難易度

新しいブックを作成しましょう。

表を作成しましょう。

	A	B	C	D	E	F	G	H	I
1	会員リスト								
2					現在の会員数			現在	
3									
4	会員番号	氏名	フリガナ	入会日	継続月数	地区コード	地区	担当	
5	1001	小野田　奈緒		2019/4/10		30			
6	1002	飯田　雅美		2019/4/16		10			
7	1003	水越　かおり		2019/4/25		20			
8	1004	横井　桜		2019/5/15		50			
9	1005	向井　理子		2019/5/31		30			
10	1006	石塚　真由美		2019/6/1		40			
11	1007	中井　裕子		2019/6/11		20			
12	1008	大塚　利美		2019/7/19		10			
13	1009	新田　理江子		2019/8/2		50			
14	1010	辻井　聖子		2019/8/4		10			
15	1011	坂本　萌		2019/9/22		10			
16	1012	鈴木　咲		2019/10/1		20			
17	1013	松村　貴子		2019/10/8		50			
18	1014	三上　圭子		2019/10/27		40			
19	1015	藤本　樹理		2019/11/7		20			
20	1016	今村　まゆ		2019/11/17		20			
21	1017	松村　文代		2019/11/25		40			
22	1018	白石　加奈子		2019/12/8		10			
23	1019	真田　由紀		2019/12/15		20			
24	1020	岩本　好江		2020/2/6		50			
25	1021	五十嵐　みゆき		2020/2/7		50			
26	1022	舟木　香奈		2020/3/8		40			
27	1023	上村　まりこ		2020/3/10		30			
28	1024	磯崎　広恵		2020/4/15		20			
29	1025	鈴木　明子		2020/4/18		30			
30	1026	岡山　奈津		2020/4/20		20			
31	1027	寺尾　遥		2020/4/21		10			
32	1028	藤平　美和子		2020/5/21		10			
33	1029	神谷　菜々美		2020/5/23		50			
34	1030	茂木　優		2020/5/25		40			
35									
36									

会員リスト

Hint!

- ●タイトル　：セルのスタイル「**タイトル**」
- ●項目　：太字・塗りつぶしの色「**ゴールド、アクセント4、白＋基本色40%**」
- ●B列～E列：列の幅「**16**」
- ●F列　：列の幅「**10**」
- ●G列　：列の幅「**11**」

Advice

- 「**1001**」～「**1030**」は、オートフィルを使って入力すると効率的です。
- セルのスタイルを使うと、フォントやフォントサイズ、フォントの色など複数の書式をまとめて設定できます。

ブックに「**Lesson77**」と名前を付けて保存しましょう。
「**Lesson78**」で使います。

Lesson 78 総合問題2 会員リスト2

解答 ▶ P.46

難易度

ブック「Lesson77」を開きましょう。

表を編集しましょう。

	A	B	C	D	E	F	G	H	I
1	会員リスト								
2					現在の会員数	30 名	2020/6/1	現在	
3									
4	会員番号	氏名	フリガナ	入会日	継続月数	地区コード	地区	担当	
5	1001	小野田　奈緒	オノダ　ナオ	2019/4/10	13か月	30	南区	小野寺	
6	1002	飯田　雅美	イイダ　マサミ	2019/4/16	13か月	10	中区	三原	
7	1003	水越　かおり	ミズコシ　カオリ	2019/4/25	13か月	20	北区	岡本	
8	1004	横井　桜	ヨコイ　サクラ	2019/5/15	12か月	50	西区	佐久間	
9	1005	向井　理子	ムカイ　リコ	2019/5/31	12か月	30	南区	小野寺	
10	1006	石塚　真由美	イシヅカ　マユミ	2019/6/1	12か月	40	東区	稲田	
11	1007	中井　裕子	ナカイ　ユウコ	2019/6/11	11か月	20	北区	岡本	
12	1008	大塚　利美	オオツカ　トシミ	2019/7/19	10か月	10	中区	三原	
13	1009	新田　理江子	ニッタ　リエコ	2019/8/2	9か月	50	西区	佐久間	
14	1010	辻井　聖子	ツジイ　セイコ	2019/8/4	9か月	10	中区	三原	
15	1011	坂本　萌	サカモト　モエ	2019/9/22	8か月	10	中区	三原	
16	1012	鈴木　咲	スズキ　サキ	2019/10/1	8か月	20	北区	岡本	
17	1013	松村　貴子	マツムラ　タカコ	2019/10/8	7か月	50	西区	佐久間	
18	1014	三上　圭子	ミカミ　ケイコ	2019/10/27	7か月	40	東区	稲田	
19	1015	藤本　樹理	フジモト　ジュリ	2019/11/7	6か月	20	北区	岡本	
20	1016	今村　まゆ	イマムラ　マユ	2019/11/17	6か月	20	北区	岡本	
21	1017	松村　文代	マツムラ　フミヨ	2019/11/25	6か月	40	東区	稲田	
22	1018	白石　加奈子	シライシ　カナコ	2019/12/8	5か月	10	中区	三原	
23	1019	真田　由紀	サナダ　ユキ	2019/12/15	5か月	20	北区	岡本	
24	1020	岩本　好江	イワモト　ヨシエ	2020/2/6	3か月	50	西区	佐久間	
25	1021	五十嵐　みゆき	イガラシ　ミユキ	2020/2/7	3か月	50	西区	佐久間	
26	1022	舟木　香奈	フナキ　カナ	2020/3/8	2か月	40	東区	稲田	
27	1023	上村　まりこ	ウエムラ　マリコ	2020/3/10	2か月	30	南区	小野寺	
28	1024	磯崎　広恵	イソザキ　ヒロエ	2020/4/15	1か月	20	北区	岡本	
29	1025	鈴木　明子	スズキ　アキコ	2020/4/18	1か月	30	南区	小野寺	
30	1026	岡山　奈津	オカヤマ　ナツ	2020/4/20	1か月	20	北区	岡本	
31	1027	寺尾　遥	テラオ　ハルカ	2020/4/21	1か月	10	中区	三原	
32	1028	藤平　美和子	フジヒラ　ミワコ	2020/5/21	0か月	10	中区	三原	
33	1029	神谷　菜々美	カミヤ　ナナミ	2020/5/23	0か月	50	西区	佐久間	
34	1030	茂木　優	モギ　ユウ	2020/5/25	0か月	40	東区	稲田	
35									

会員リスト　地区コード

	A	B	C	D	E	F	G
1	地区コード表						
2							
3	地区コード	10	20	30	40	50	
4	地区	中区	北区	南区	東区	西区	
5	担当	三原	岡本	小野寺	稲田	佐久間	
6							
7							

会員リスト　地区コード

新しいシート「地区コード」の挿入

シート「地区コード」

- ●タイトル　　：セルのスタイル「**タイトル**」
- ●項目　　　　：塗りつぶしの色「**ゴールド、アクセント4、白＋基本色40%**」
- ●A列　　　　：列の幅「**10**」

シート「会員リスト」

- ●セル【**F2**】：現在の会員数を表示・ユーザー定義の表示形式「□**名**」
- ●セル【**G2**】：本日の日付を表示
- ●フリガナ　　：フリガナを表示
- ●継続月数　　：入会日から本日までの月数を表示・ユーザー定義の表示形式「**か月**」
- ●地区と担当：地区コードを入力すると、地区コード表を参照して地区と担当を表示

Advice

- シート「**会員リスト**」のセル【**F2**】、セル【**G2**】、「**フリガナ**」、「**継続月数**」、「**地区**」、「**担当**」は関数を使って表示します。
- 現在の会員数は、「**会員番号**」の列を使って算出します。
- 入会日から本日までの月数を求める関数は、「**=DATEDIF(古い日付，新しい日付，単位)**」です。
  単位は、次のように指定します。

単位	意味	例
"Y"	期間内の満年数	=DATEDIF("2019/1/1","2020/3/1","Y")→1
"M"	期間内の満月数	=DATEDIF("2019/1/1","2020/3/1","M")→14
"D"	期間内の満日数	=DATEDIF("2019/1/1","2020/3/1","D")→425
"YM"	1年未満の月数	=DATEDIF("2019/1/1","2020/3/1","YM")→2
"YD"	1年未満の日数	=DATEDIF("2019/1/1","2020/3/1","YD")→59
"MD"	1か月未満の日数	=DATEDIF("2019/1/1","2020/3/1","MD")→0

- 横方向にデータが入力されている参照表から該当するデータを検索して表示する関数は、「**=HLOOKUP(検索値，範囲，行番号，検索方法)**」です。

ブックに「**Lesson78**」と名前を付けて保存しましょう。

Lesson 79 総合問題3 消費高1

解答 ▶ P.47

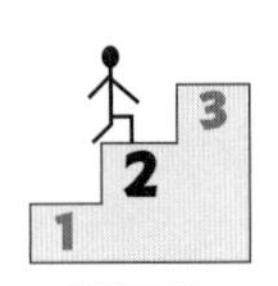

難易度

新しいブックを作成しましょう。

表を作成しましょう。

水産食品消費高（地域別）

単位：トン

地域	品名	2014年	2015年	2016年	2017年	2018年	2019年	合計
A市	まぐろ	20,600	17,420	21,200	21,541	20,450	18,540	119,751
	かつお	30,200	28,420	13,254	30,120	28,490	30,115	160,599
	いわし	56,569	57,481	50,120	52,140	50,020	51,285	317,615
	さんま	21,400	20,150	20,010	19,840	18,450	20,150	120,000
	さば	45,517	42,560	40,050	40,715	47,542	45,120	261,504
	ひらめ	1,865	2,021	1,987	1,900	2,022	1,005	10,800
小計		176,151	168,052	146,621	166,256	166,974	166,215	990,269
B市	いわし	41,483	40,230	39,120	40,050	38,451	40,055	239,389
	さば	42,547	40,120	39,820	39,548	38,128	39,158	239,321
	たい	2,172	2,018	1,821	2,215	2,521	1,980	12,727
	さけ	16,009	15,800	15,825	18,740	15,450	18,563	100,387
	さんま	19,800	18,900	20,010	17,450	16,400	12,800	105,360
小計		122,011	117,068	116,596	118,003	110,950	112,556	697,184
C市	いわし	36,591	35,269	35,900	36,540	32,690	30,260	207,250
	いか	15,000	16,250	15,482	15,515	16,520	16,250	95,017
	さんま	18,500	18,250	17,492	15,840	18,005	17,595	105,682
	さけ	16,225	16,002	15,980	16,230	16,798	17,410	98,645
小計		86,316	85,771	84,854	84,125	84,013	81,515	506,594
D市	かつお	25,981	20,158	15,870	25,981	12,548	20,135	120,673
	いわし	23,510	25,148	25,987	30,120	32,511	24,587	161,863
	さば	39,840	34,588	24,598	36,549	31,250	25,489	192,314
	さけ	2,002	1,584	2,012	2,218	2,015	1,887	11,718
	ひらめ	2,015	1,857	1,998	2,012	2,020	1,489	11,391
小計		93,348	83,335	70,465	96,880	80,344	73,587	497,959
総計		477,826	454,226	418,536	465,264	442,281	433,873	2,692,006

地域別

Hint!

シート「地域別」
- ●タイトル　　：フォントサイズ「**20**」・太字・フォントの色「**ブルーグレー、テキスト2**」
- ●項目　　　　：太字・塗りつぶしの色「**青、アクセント1**」・フォントの色「**白、背景1**」
- ●小計　　　　：塗りつぶしの色「**青、アクセント1、白+基本色80%**」
- ●桁区切りスタイル
- ●A列　　　　：列の幅「**2**」
- ●B列　　　　：列の幅「**6**」
- ●シート見出し：色「**青、アクセント1**」

Advice

- 「**2014年**」～「**2019年**」は、オートフィルを使って入力すると効率的です。
- 「**小計**」のセルの右側の罫線を削除します。セルの一部の罫線を削除するには、**《セルの書式設置》**ダイアログボックスの**《罫線》**タブを使います。
- 合計の対象となるデータを含むすべてのセルを選択し、Σ（オートSUM）をクリックすると、一度に合計を求められます。
- 総計を求めるセルを選択し、Σ（オートSUM）をクリックすると、それぞれの合計を足した総計を求められます。

ブックに「**Lesson79**」と名前を付けて保存しましょう。
「**Lesson80**」で使います。

総合問題3

Lesson 80 消費高2

解答 ▶ P.48

難易度

ブック「Lesson79」を開きましょう。

表を編集し、グラフを作成しましょう。

水産食品消費高（種類別）

単位：トン

品名	2014年	2015年	2016年	2017年	2018年	2019年	合計	推移
いわし	158,153	158,128	151,127	158,850	153,672	146,187	926,117	
さば	127,904	117,268	104,468	116,812	116,920	109,767	693,139	
さんま	59,700	57,300	57,512	53,130	52,855	50,545	331,042	
かつお	56,181	48,578	29,124	56,101	41,038	50,250	281,272	
さけ	34,236	33,386	33,817	37,188	34,263	37,860	210,750	
まぐろ	20,600	17,420	21,200	21,541	20,450	18,540	119,751	
いか	15,000	16,250	15,482	15,515	16,520	16,250	95,017	
ひらめ	3,880	3,878	3,985	3,912	4,042	2,494	22,191	
たい	2,172	2,018	1,821	2,215	2,521	1,980	12,727	
合計	477,826	454,226	418,536	465,264	442,281	433,873	2,692,006	

消費高割合

さんま 12.3%
かつお 10.4%
さけ 7.8%
さば 25.7%
その他 9.3%
いわし 34.4%
いか 3.5%
ひらめ 0.8%
たい 0.5%
まぐろ 4.4%

地域別　種類別

新しいシート「種類別」の挿入

シート「種類別」

- ●シート見出し　：色**「緑、アクセント6」**
- ●タイトル　：フォントサイズ**「20」**・太字
- ●項目　：太字、塗りつぶしの色**「緑、アクセント6」**・フォントの色**「白、背景1」**
- ●A列　：列の幅**「2」**
- ●J列　：列の幅**「15」**
- ●5行目～14行目：行の高さ**「30」**
- ●桁区切りスタイル
- ●スパークライン　：すべてのマーカーを表示
  ：最大値のマーカーの色**「紫」**
  ：最小値のマーカーの色**「薄い青」**
- ●グラフの場所　：セル範囲**【B16：J31】**
- ●グラフ　：補助プロットのサイズ**「65%」**
- ●グラフスタイル　：**「スタイル9」**

Advice

- SUMIF関数を使って、種類ごとの消費高の合計を求めます。

指定したセル範囲の中から、指定した条件を満たしているセルの値の合計を求めます。

=SUMIF(範囲,検索条件,合計範囲)
　　　　❶　　❷　　　❸

❶範囲
検索の対象となるセル範囲を指定します。

❷検索条件
検索条件を文字列またはセル、数値、数式で指定します。

❸合計範囲
検索条件に合致した値を合計する。

※引数に文字列を指定する場合、文字列の前後に「"(ダブルクォーテーション)」を入力します。

- 各品名の**「合計」**の構成比を補助円グラフ付き円グラフで表します。
- 補助円グラフ付き円グラフを作成する場合は、あらかじめもとになるデータ範囲の数値を降順で並べ替えておきます。
- 補助円グラフに表示するデータの個数や、補助円グラフのサイズは**《データ系列の書式設定》**作業ウィンドウを使って設定できます。

ブックに**「Lesson80」**と名前を付けて保存しましょう。

Lesson 81 総合問題4 家計簿1

解答 ▶ P.50

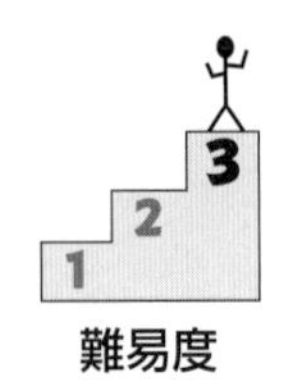

難易度

新しいブックを作成しましょう。

表を作成しましょう。

	A	B	C	D	E	F	G	H	I	J	K
1	2020年1月										
2										前月残高	0
3										固定収入	150,000
4											
5	日付	曜日	収入	家賃	食費	光熱・通信	交際・娯楽	被服	保険・積立	支出合計	残高
6	1月1日	水	150,000				4,000			4,000	146,000
7	1月2日	木								0	146,000
8	1月3日	金			1,000					1,000	145,000
9	1月4日	土			500					500	144,500
10	1月5日	日				13,400				13,400	131,100
11	1月6日	月					500			500	130,600
12	1月7日	火			1,500					1,500	129,100
13	1月8日	水								0	129,100
14	1月9日	木								0	129,100
15	1月10日	金								0	129,100
16	1月11日	土				5,000	1,800			6,800	122,300
17	1月12日	日				5,500				5,500	116,800
18	1月13日	月			2,400					2,400	114,400
19	1月14日	火			500					500	113,900
20	1月15日	水								0	113,900
21	1月16日	木					5,000			5,000	108,900
22	1月17日	金								0	108,900
23	1月18日	土								0	108,900
24	1月19日	日								0	108,900
25	1月20日	月			1,800					1,800	107,100
26	1月21日	火								0	107,100
27	1月22日	水						3,500		3,500	103,600
28	1月23日	木								0	103,600
29	1月24日	金			5,600					5,600	98,000
30	1月25日	土								0	98,000
31	1月26日	日		60,000					7,000	67,000	31,000
32	1月27日	月								0	31,000
33	1月28日	火								0	31,000
34	1月29日	水								0	31,000
35	1月30日	木			4,500					4,500	26,500
36	1月31日	金								0	26,500
37	合計		150,000	60,000	17,800	23,900	11,300	3,500	7,000	123,500	
38	コメント										

1月 | 2月 | 3月

	A	B	C	D	E	F	G	H	I	J	K
1	2020年2月										
2										前月残高	26,500
3										固定収入	150,000
4											
5	日付	曜日	収入	家賃	食費	光熱・通信	交際・娯楽	被服	保険・積立	支出合計	残高
6	2月1日	土	176,500		900					900	175,600
7	2月2日	日			200					200	175,400
8	2月3日	月								0	175,400
9	2月4日	火								0	175,400
10	2月5日	水			1,800	11,300				13,100	162,300
11	2月6日	木								0	162,300
12	2月7日	金								0	162,300
13	2月8日	土			1,500			6,800		8,300	154,000
14	2月9日	日								0	154,000
15	2月10日	月				7,500				7,500	146,500
16	2月11日	火				8,000				8,000	138,500
17	2月12日	水			700					700	137,800
18	2月13日	木								0	137,800
19	2月14日	金			2,200		3,500			5,700	132,100
20	2月15日	土			4,000					4,000	128,100
21	2月16日	日			1,000					1,000	127,100
22	2月17日	月								0	127,100
23	2月18日	火								0	127,100
24	2月19日	水								0	127,100
25	2月20日	木					1,600			1,600	125,500
26	2月21日	金			2,500			12,000		14,500	111,000
27	2月22日	土								0	111,000
28	2月23日	日								0	111,000
29	2月24日	月							7,000	7,000	104,000
30	2月25日	火								0	104,000
31	2月26日	水		60,000						60,000	44,000
32	2月27日	木								0	44,000
33	2月28日	金			4,200					4,200	39,800
34	2月29日	土								0	39,800
35	合計		176,500	60,000	19,000	26,800	5,100	18,800	7,000	136,700	
36	コメント										

1月 | 2月 | 3月

	A	B	C	D	E	F	G	H	I	J	K
1	2020年3月										
2										前月残高	39,800
3										固定収入	150,000
4											
5	日付	曜日	収入	家賃	食費	光熱・通信	交際・娯楽	被服	保険・積立	支出合計	残高
6	3月1日	日	189,800							0	189,800
7	3月2日	月			2,200					2,200	187,600
8	3月3日	火								0	187,600
9	3月4日	水								0	187,600
10	3月5日	木			800	13,400	30,000			44,200	143,400
11	3月6日	金								0	143,400
12	3月7日	土								0	143,400
13	3月8日	日			500					500	142,900
14	3月9日	月								0	142,900
15	3月10日	火			1,600					1,600	141,300
16	3月11日	水				5,000				5,000	136,300
17	3月12日	木				5,500				5,500	130,800
18	3月13日	金			2,000		8,000			10,000	120,800
19	3月14日	土								0	120,800
20	3月15日	日								0	120,800
21	3月16日	月			1,000					1,000	119,800
22	3月17日	火								0	119,800
23	3月18日	水								0	119,800
24	3月19日	木			1,200					1,200	118,600
25	3月20日	金								0	118,600
26	3月21日	土								0	118,600
27	3月22日	日								0	118,600
28	3月23日	月								0	118,600
29	3月24日	火			1,800				7,000	8,800	109,800
30	3月25日	水								0	109,800
31	3月26日	木		60,000	4,000					64,000	45,800
32	3月27日	金								0	45,800
33	3月28日	土								0	45,800
34	3月29日	日			2,200					2,200	43,600
35	3月30日	月								0	43,600
36	3月31日	火								0	43,600
37	合計		189,800	60,000	17,300	23,900	38,000	0	7,000	146,200	

コメント

1月　2月　3月

Hint!

- タイトル　：フォントサイズ**「12」**・太字・表示形式**「XXXX年X月」**
- 項目　：太字・塗りつぶしの色**「青、アクセント1、黒+基本色25%」**・フォントの色**「白、背景1」**
- 日付　：表示形式**「X月X日」**
- 曜日　：日付をもとに曜日を表示
- 桁区切りスタイル
- A列　：列の幅**「13」**
- B列　：列の幅**「5」**
- C列～I列　：列の幅**「9.5」**
- J列～K列　：列の幅**「10」**
- 5行目と37行目　：行の高さ**「21」**
- 図形　：**「四角形：メモ」**・スタイル**「パステル-青、アクセント1」**・高さ**「2cm」**・幅**「20cm」**
- シートのコピー
- シート**「2月」「3月」**の前月残高：前月末日の残高を参照して表示

Advice

- **「日付」**の先頭セルは、セル**【A1】**を参照して表示します。
- 日付のその他のセルは、**「前の日付+1」**を使って表示します。
- **「曜日」**は関数を使って表示します。
- **「収入」**の先頭セルは、関数を使って前月残高と固定収入を合計します。

ブックに**「Lesson81」**と名前を付けて保存しましょう。
「Lesson82」で使います。

Lesson 82 総合問題4 家計簿2

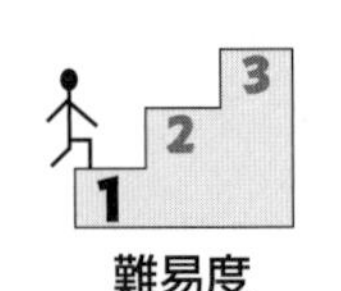

ブック「**Lesson81**」を開きましょう。

表を作成しましょう。

	A	B	C	D	E	F	G	H	I
1	**年間支出**								
2									
3	日付	家賃	食費	光熱・通信	交際・娯楽	被服	保険・積立	支出合計	
4	1月	60,000	17,800	23,900	11,300	3,500	7,000	123,500	
5	2月	60,000	19,000	26,800	5,100	18,800	7,000	136,700	
6	3月	60,000	17,300	23,900	38,000	0	7,000	146,200	
7	4月							0	
8	5月							0	
9	6月							0	
10	7月							0	
11	8月							0	
12	9月							0	
13	10月							0	
14	11月							0	
15	12月							0	
16	合計	180,000	54,100	74,600	54,400	22,300	21,000	406,400	
17									

年間支出 | 1月 | 2月 | 3月

Hint!

- ●タイトル　：フォントサイズ「**14**」・太字
- ●項目　：太字・塗りつぶしの色「**オレンジ、アクセント2、白+基本色60%**」
- ●B列～H列　：列の幅「**9.5**」
- ●3行目と16行目　：行の高さ「**21**」
- ●セル範囲【**B4：G6**】：各月の項目ごとの合計金額を参照して表示

Advice

- 「**1月**」～「**12月**」は、オートフィルを使って入力すると効率的です。

ブックに「**Lesson82**」と名前を付けて保存しましょう。
「**Lesson83**」で使います。

総合問題4

家計簿3

解答 ▶ P.53

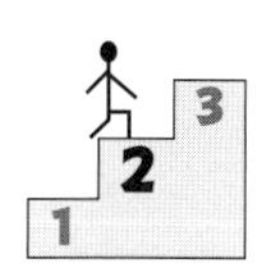

難易度

ブック「Lesson82」を開きましょう。

表を編集しましょう。

	A	B	C	D	E	F	G	H	I
1	年間支出								
2									
3	日付	家賃	食費	光熱・通信	交際・娯楽	被服	保険・積立	支出合計	
4	1月	60,000	17,800	23,900	11,300	3,500	7,000	123,500	
5	2月	60,000	19,000	26,800	5,100	18,800	7,000	136,700	
6	3月	60,000	17,300	23,900	38,000	0	7,000	146,200	
7	4月							0	
8	5月							0	
9	6月							0	
10	7月							0	
11	8月							0	
12	9月							0	
13	10月							0	
14	11月							0	
15	12月							0	
16	合計	180,000	54,100	74,600	54,400	22,300	21,000	406,400	
17									

年間支出 | 1月 | 2月 | 3月

Hint!

- 条件付き書式　：条件「**各月の支出合計が140,000以上**」・書式「**塗りつぶし　オレンジ**」
- 読み取りパスワードの設定：パスワード「**kakeibo**」

ブックに「**Lesson83**」と名前を付けて保存しましょう。

総合問題5

Lesson 84 講座売上表1

解答 ▶ P.54

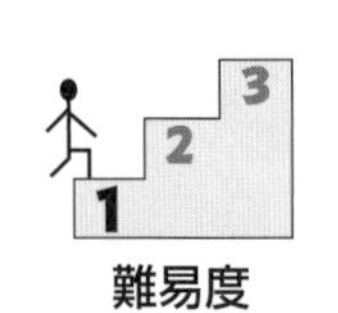

難易度

新しいブックを作成しましょう。

表を作成しましょう。

	A	B	C	D	E	F	G	H	I	J	K	L
1	FOMカルチャーセンター　講座開催状況											
2												
3	受付番号	開催日	講座番号	開催地域	ジャンル	講座名	定員	受講費	受講者数	受講率	金額	
4												
5												
6												
7												
8												
9												
10												
11												
12												
13												
14												
15												
16												
17												
18												
19												
20												
21												
22												
23												
24												
25												
26												
27												
28												
29												
30												
31												
32												
33												
34												
35												
36												
37												
38												
39												
40												
41												
42												
43												
44												
45												
46												
47												
48												
49												
50												
51												

講座開催状況　講座一覧

	A	B	C	D	E	F	G
1	講座一覧						
2							
3	講座番号	開催地域	ジャンル	講座名	定員	受講費	
4	E1002	兵庫県	趣味	オリジナル石鹸づくり	30	¥1,300	
5	E1003	滋賀県	趣味	オリジナル苔玉づくり	30	¥1,500	
6	E1004	京都府	趣味	オリジナル苔玉づくり	35	¥1,500	
7	E2001	大阪府	趣味	はじめての一眼レフ	30	¥1,000	
8	C1001	大阪府	料理	ヘルシー薬膳料理	35	¥2,000	
9	C1002	大阪府	料理	楽しい家庭料理	35	¥2,000	
10	C1003	京都府	料理	楽しい家庭料理	35	¥2,000	
11	C1004	兵庫県	料理	楽しい家庭料理	30	¥2,000	
12	H1001	和歌山県	料理	楽しい家庭料理	30	¥2,000	
13	H1002	奈良県	健康	リラックスヨガ	40	¥1,000	
14	H1003	滋賀県	健康	モーニング太極拳	30	¥1,000	
15							
16							
17							

講座開催状況　講座一覧

Hint!

シート「講座開催状況」

- タイトル　：フォントサイズ「**18**」・太字・フォントの色「**緑、アクセント6、黒+基本色25%**」
- 項目　：太字・塗りつぶしの色「**緑、アクセント6、白+基本色60%**」
- B列～E列：列の幅「**10**」
- F列　：列の幅「**22**」

新しいシート「講座一覧」の挿入

シート「講座一覧」

- タイトル　：フォントサイズ「**18**」・太字・フォントの色「**緑、アクセント6、黒+基本色25%**」
- 項目　：太字・塗りつぶしの色「**緑、アクセント6、白+基本色60%**」
- 受講費　：通貨表示形式
- D列　：列の幅「**22**」

ブックに「**Lesson84**」と名前を付けて保存しましょう。
「**Lesson85**」で使います。

Lesson 85 総合問題5 講座売上表2

解答 ▶ P.55

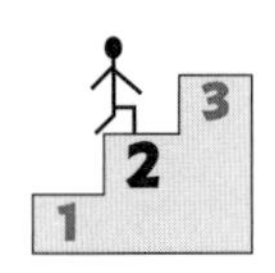

難易度

ブック「**Lesson84**」を開きましょう。

表を編集しましょう。

	A	B	C	D	E	F	G	H	I	J	K	L
1	FOMカルチャーセンター　講座開催状況											
2												
3	受付番号	開催日	講座番号	開催地域	ジャンル	講座名	定員	受講費	受講者数	受講率	金額	
4	1	2020/4/1	E2001	大阪府	趣味	はじめての一眼レフ	30	¥1,000	21	70%	¥21,000	
5	2	2020/4/2	H1002	奈良県	健康	リラックスヨガ	40	¥1,000	35	88%	¥35,000	
6	3	2020/4/2	C1001	大阪府	料理	ヘルシー薬膳料理	35	¥2,000	33	94%	¥66,000	
7	4	2020/4/4	C1003	京都府	料理	楽しい家庭料理	35	¥2,000	21	60%	¥42,000	
8	5	2020/4/6	C1002	大阪府	料理	楽しい家庭料理	35	¥2,000	32	91%	¥64,000	
9	6	2020/4/8	H1003	滋賀県	健康	モーニング太極拳	30	¥1,000	22	73%	¥22,000	
10	7	2020/4/12	C1003	京都府	料理	楽しい家庭料理	35	¥2,000	30	86%	¥60,000	
11	8	2020/4/13	H1002	奈良県	健康	リラックスヨガ	40	¥1,000	22	55%	¥22,000	
12	9	2020/4/13	C1001	大阪府	料理	ヘルシー薬膳料理	35	¥2,000	35	100%	¥70,000	
13	10	2020/4/16	H1001	和歌山県	料理	楽しい家庭料理	30	¥2,000	22	73%	¥44,000	
14	11	2020/4/16	E1002	兵庫県	趣味	オリジナル石鹸づくり	30	¥1,300	21	70%	¥27,300	
15	12	2020/4/18	E2001	大阪府	趣味	はじめての一眼レフ	30	¥1,000	19	63%	¥19,000	
16	13	2020/4/19	C1004	兵庫県	料理	楽しい家庭料理	30	¥2,000	23	77%	¥46,000	
17	14	2020/4/19	H1001	和歌山県	料理	楽しい家庭料理	30	¥2,000	25	83%	¥50,000	
18	15	2020/4/20	E1002	兵庫県	趣味	オリジナル石鹸づくり	30	¥1,300	19	63%	¥24,700	
19	16	2020/4/22	E2001	大阪府	趣味	はじめての一眼レフ	30	¥1,000	20	67%	¥20,000	
20	17	2020/4/23	E2001	大阪府	趣味	はじめての一眼レフ	30	¥1,000	23	77%	¥23,000	
21	18	2020/4/23	E1002	兵庫県	趣味	オリジナル石鹸づくり	30	¥1,300	23	77%	¥29,900	
22	19	2020/4/26	C1003	京都府	料理	楽しい家庭料理	35	¥2,000	29	83%	¥58,000	
23	20	2020/4/29	H1002	奈良県	健康	リラックスヨガ	40	¥1,000	24	60%	¥24,000	
24	21	2020/4/29	C1001	大阪府	料理	ヘルシー薬膳料理	35	¥2,000	32	91%	¥64,000	
25	22	2020/5/1	E2001	大阪府	趣味	はじめての一眼レフ	30	¥1,000	21	70%	¥21,000	
26	23	2020/5/5	C1004	兵庫県	料理	楽しい家庭料理	30	¥2,000	25	83%	¥50,000	
27	24	2020/5/5	E1002	兵庫県	趣味	オリジナル石鹸づくり	30	¥1,300	29	97%	¥37,700	
28	25	2020/5/6	C1003	京都府	料理	楽しい家庭料理	35	¥2,000	26	74%	¥52,000	
29	26	2020/5/8	C1004	兵庫県	料理	楽しい家庭料理	30	¥2,000	23	77%	¥46,000	
30	27	2020/5/9	H1001	和歌山県	料理	楽しい家庭料理	30	¥2,000	23	77%	¥46,000	
31	28	2020/5/12	E2001	大阪府	趣味	はじめての一眼レフ	30	¥1,000	26	87%	¥26,000	
32	29	2020/5/12	H1003	滋賀県	健康	モーニング太極拳	30	¥1,000	30	100%	¥30,000	
33	30	2020/5/13	H1002	奈良県	健康	リラックスヨガ	40	¥1,000	15	38%	¥15,000	
34	31	2020/5/13	E2001	大阪府	趣味	はじめての一眼レフ	30	¥1,000	26	87%	¥26,000	
35	32	2020/5/15	E2001	大阪府	趣味	はじめての一眼レフ	30	¥1,000	23	77%	¥23,000	
36	33	2020/5/17	E1004	京都府	趣味	オリジナル苔玉づくり	35	¥1,500	22	63%	¥33,000	
37	34	2020/5/17	C1003	京都府	料理	楽しい家庭料理	35	¥2,000	28	80%	¥56,000	
38	35	2020/5/19	H1001	和歌山県	料理	楽しい家庭料理	30	¥2,000	21	70%	¥42,000	
39	36	2020/5/19	E1002	兵庫県	趣味	オリジナル石鹸づくり	30	¥1,300	28	93%	¥36,400	
40	37	2020/5/20	E2001	大阪府	趣味	はじめての一眼レフ	30	¥1,000	29	97%	¥29,000	
41	38	2020/5/20	C1002	大阪府	料理	楽しい家庭料理	35	¥2,000	33	94%	¥66,000	
42	39	2020/5/24	H1002	奈良県	健康	リラックスヨガ	40	¥1,000	22	55%	¥22,000	
43	40	2020/5/27	E2001	大阪府	趣味	はじめての一眼レフ	30	¥1,000	20	67%	¥20,000	
44	41	2020/5/27	C1004	兵庫県	料理	楽しい家庭料理	30	¥2,000	26	87%	¥52,000	
45	42	2020/5/28	H1002	奈良県	健康	リラックスヨガ	40	¥1,000	22	55%	¥22,000	
46	43	2020/6/3	H1001	和歌山県	料理	楽しい家庭料理	30	¥2,000	23	77%	¥46,000	
47	44	2020/6/4	E1002	兵庫県	趣味	オリジナル石鹸づくり	30	¥1,300	26	87%	¥33,800	
48	45	2020/6/4	C1002	大阪府	料理	楽しい家庭料理	35	¥2,000	32	91%	¥64,000	
49	46	2020/6/6	H1002	奈良県	健康	リラックスヨガ	40	¥1,000	26	65%	¥26,000	
50	47	2020/6/6	C1003	京都府	料理	楽しい家庭料理	35	¥2,000	18	51%	¥36,000	
51												

講座開催状況 | 講座一覧

シート「講座開催状況」

●講座番号：入力規則を使って、シート**「講座一覧」**の**「講座番号」**をリストから選択して入力

●開催地域、ジャンル、講座名、定員、受講費
：**「講座番号」**を入力すると、シート**「講座一覧」**の表を参照して内容を表示
ただし、**「講座番号」**が未入力の場合は何も表示しない

●受講率　：**「受講者数」**を入力すると、受講率を表示
ただし、**「受講者数」**が入力されていない場合は何も表示しない

●金額　　：**「講座番号」**を入力すると、合計金額を表示
ただし、**「講座番号」**が入力されていない場合は何も表示しない

●パーセントスタイル

●通貨表示形式

Advice

- シート**「講座開催状況」**の**「開催地域」**、**「ジャンル」**、**「講座名」**、**「定員」**、**「受講費」**、**「受講率」**、**「金額」**は関数を使って表示します。
- **「受付番号」**の**「1」**～**「47」**は、オートフィルを使って入力すると効率的です。

ブックに**「Lesson85」**と名前を付けて保存しましょう。
「Lesson86」、**「Lesson87」**、**「Lesson88」**、**「Lesson89」**で使います。

Lesson 86 総合問題5 講座売上表3

解答 ▶ P.56

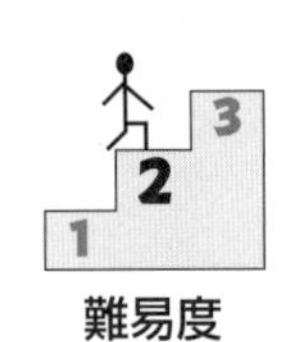

難易度

ブック**「Lesson85」**を開きましょう。

テーブルに変換し、データを抽出しましょう。

▶「ジャンル」が「趣味」で、「受講率」が80%以上のレコードを抽出

	A	B	C	D	E	F	G	H	I	J	K	L
1	FOMカルチャーセンター　講座開催状況											
2												
3	受付番号	開催日	講座番号	開催地域	ジャンル	講座名	定員	受講料	受講者数	受講率	金額	
27	24	2020/5/5	E1002	兵庫県	趣味	オリジナル石鹸づくり	30	¥1,300	29	97%	¥37,700	
31	28	2020/5/12	E2001	大阪府	趣味	はじめての一眼レフ	30	¥1,000	26	87%	¥26,000	
34	31	2020/5/13	E2001	大阪府	趣味	はじめての一眼レフ	30	¥1,000	26	87%	¥26,000	
39	36	2020/5/19	E1002	兵庫県	趣味	オリジナル石鹸づくり	30	¥1,300	28	93%	¥36,400	
40	37	2020/5/20	E2001	大阪府	趣味	はじめての一眼レフ	30	¥1,000	29	97%	¥29,000	
47	44	2020/6/4	E1002	兵庫県	趣味	オリジナル石鹸づくり	30	¥1,300	26	87%	¥33,800	
51												

講座開催状況　講座一覧

▶「金額」が上位7位のレコードを抽出

	A	B	C	D	E	F	G	H	I	J	K	L
1	FOMカルチャーセンター　講座開催状況											
2												
3	受付番号	開催日	講座番号	開催地域	ジャンル	講座名	定員	受講料	受講者数	受講率	金額	
6	3	2020/4/2	C1001	大阪府	料理	ヘルシー薬膳料理	35	¥2,000	33	94%	¥66,000	
8	5	2020/4/6	C1002	大阪府	料理	楽しい家庭料理	35	¥2,000	32	91%	¥64,000	
10	7	2020/4/12	C1003	京都府	料理	楽しい家庭料理	35	¥2,000	30	86%	¥60,000	
12	9	2020/4/13	C1001	大阪府	料理	ヘルシー薬膳料理	35	¥2,000	35	100%	¥70,000	
24	21	2020/4/29	C1001	大阪府	料理	ヘルシー薬膳料理	35	¥2,000	32	91%	¥64,000	
41	38	2020/5/20	C1002	大阪府	料理	楽しい家庭料理	35	¥2,000	33	94%	¥66,000	
48	45	2020/6/4	C1002	大阪府	料理	楽しい家庭料理	35	¥2,000	32	91%	¥64,000	
51												

講座開催状況　講座一覧

Hint!

- ●テーブル　：テーブルスタイル**「緑, テーブルスタイル（中間）7」**
- ●抽出　　　：**「ジャンル」**が**「趣味」**で、**「受講率」**が80%以上のレコード
- ●抽出　　　：**「金額」**が上位7位のレコード

Advice

- もとになるセル範囲に書式が設定されていると、あらかじめ設定されていた書式とテーブルスタイルの書式が重なって見栄えが悪くなることがあります。テーブルに変換する前に、項目行の塗りつぶしの色を**「塗りつぶしなし」**、罫線を**「枠なし」**に設定しておくとよいでしょう。
- 前の条件をクリアしてから、次の条件でデータを抽出しましょう。

ブックに**「Lesson86」**と名前を付けて保存しましょう。

Lesson 87 総合問題5 講座売上表4

解答 ▶ P.56

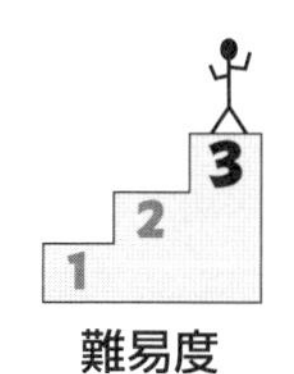

難易度

ブック「**Lesson85**」を開きましょう。

表を編集し、データを抽出しましょう。

	A	B	C	D	E	F	G	H	I	J	K	L
1	FOMカルチャーセンター　講座開催状況											
2												
3	受付番号	開催日	講座番号	開催地域	ジャンル	講座名	定員	受講費	受講者数	受講率	金額	
4			C1002						>=30			
5			C1003						>=30			
6												
7												
8												
9	受付番号	開催日	講座番号	開催地域	ジャンル	講座名	定員	受講費	受講者数	受講率	金額	
14	5	2020/4/6	C1002	大阪府	料理	楽しい家庭料理	35	¥2,000	32	91%	¥64,000	
16	7	2020/4/12	C1003	京都府	料理	楽しい家庭料理	35	¥2,000	30	86%	¥60,000	
47	38	2020/5/20	C1002	大阪府	料理	楽しい家庭料理	35	¥2,000	33	94%	¥66,000	
54	45	2020/6/4	C1002	大阪府	料理	楽しい家庭料理	35	¥2,000	32	91%	¥64,000	
57												
58												

講座開催状況　講座一覧

Hint!

●フィルターオプションを使った抽出：「**講座番号**」が「**C1002**」で「**受講者数**」が30人以上のレコードまたは
「**講座番号**」が「**C1003**」で「**受講者数**」が30人以上のレコード

Advice

- フィルターオプションを使うと、複雑な条件を指定できます。条件を指定するための入力欄をあらかじめシート上に作成し、条件を入力します。条件を入力する方法は、次のとおりです。

AND条件の場合

1行内に条件を入力します。

例：「**ジャンル**」が「**料理**」で「**金額**」が70,000円以上のレコードを抽出

ジャンル	金額
料理	>=70000

OR条件の場合

行を変えて条件を入力します。

例：「**ジャンル**」が「**料理**」または「**金額**」が70,000円以上のレコードを抽出

ジャンル	金額
料理	
	>=70000

- フィルターオプションを使ってデータを抽出する場合、《**データ**》タブ→《**並べ替えとフィルター**》グループの 詳細設定 （詳細設定）を使います。

ブックに「**Lesson87**」と名前を付けて保存しましょう。

Lesson 88 総合問題5 講座売上表5

解答 ▶ P.57

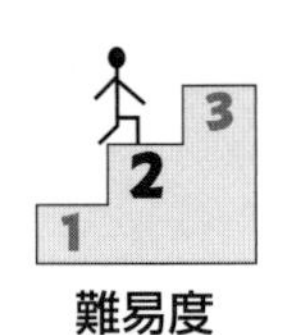

難易度

ブック「**Lesson85**」を開きましょう。

ピボットテーブルとピボットグラフを作成しましょう。

合計 / 受講者数	列ラベル		
	4月	5月	総計
行ラベル			
オリジナル石鹸づくり	63	57	120
オリジナル苔玉づくり	0	22	22
はじめての一眼レフ	83	145	228
ヘルシー薬膳料理	100	0	100
楽しい家庭料理	182	205	387
総計	**428**	**429**	**857**

ジャンル：健康／趣味／料理

開催日：2020 年 4 月 ～ 5 月（月）2020　3 4 5 6 7 8 9 10 11 12

講座開催状況｜講座一覧｜ピボットグラフ｜ピボットテーブル

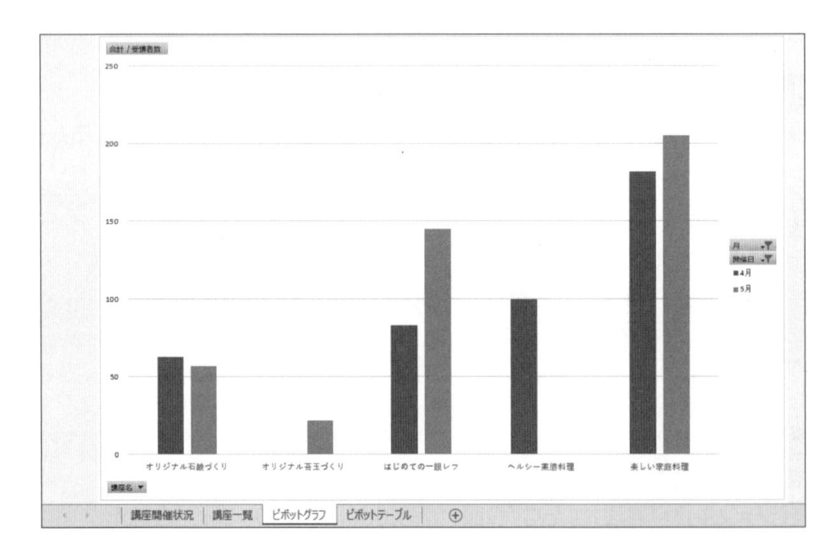

Hint!

- ●ピボットテーブル：スタイル「**薄い緑，ピボットスタイル（中間）14**」
- ●値エリアの空白セルに「**0**」を表示
- ●値エリアのセルに桁区切りスタイルを設定
- ●スライサー　　：「**ジャンル**」が「**趣味**」と「**料理**」の集計結果を表示
- ●タイムライン　：「**開催日**」が4月と5月の集計結果を表示
- ●グラフの場所　：新しいシート「**ピボットグラフ**」

ブックに「**Lesson88**」と名前を付けて保存しましょう。

Lesson 89 総合問題5 講座売上表6

解答 ▶ P.58

難易度

ブック「**Lesson85**」を開きましょう。

データを集計し、グラフを作成しましょう。

	D	I	K	L	M	N	O
1							
2							
3	開催地域	受講者数	金額				
20	大阪府	425	¥622,000				
31	兵庫県	243	¥383,800				
39	京都府	174	¥337,000				
47	奈良県	166	¥166,000				
53	和歌山県	114	¥228,000				
56	滋賀県	52	¥52,000				
57	総計	1174	¥1,788,800				

受講者数構成比

大阪と兵庫が
大半を占める

大阪府 36.2%
兵庫県 20.7%
京都府 14.8%
奈良県 14.1%
和歌山県 9.7%
滋賀県 4.4%

講座開催状況　講座一覧

Hint!

- 並べ替え　：「**開催地域**」の五十音順、「**開催地域**」が同じ場合は、「**ジャンル**」の五十音順、「**ジャンル**」が同じ場合は、「**講座名**」の五十音順
- 「**開催地域**」ごとの「**受講者数**」と「**金額**」の合計を表示
- 集計結果の小計と総計の行だけを表示
- K列　：最適値の列の幅
- テーマ　：オーガニック
- グラフの場所　：セル範囲【**D59：O78**】
- グラフスタイル：「**スタイル9**」
- 図形　：「**吹き出し：角を丸めた四角形**」・スタイル「**パステル-オレンジ、アクセント5**」

Advice

- もとになるセル範囲に罫線が設定されていると、集計により、あらかじめ設定されていた罫線が消えて見栄えが悪くなることがあります。集計を実行する前に、表の罫線を削除しておくとよいでしょう。
- 「**集計**」の文字列を削除するには、置換を使うと効率的です。
- データを集計後、グラフを作成します。不要な列は非表示にします。
- グラフを作成した後で、非表示にした列を再表示するとグラフのデータ範囲が正しく認識されなくなるため、グラフのもとになるセル範囲を可視セルに設定します。可視セルを設定するには、**《ホーム》**タブ→**《編集》**グループの（検索と選択）→**《ジャンプ》**→**《セル選択》**を使います。

ブックに「**Lesson89**」と名前を付けて保存しましょう。
「**Lesson90**」で使います。

Lesson 90 総合問題5 講座売上表7

PDF 解答 ▶ P.59

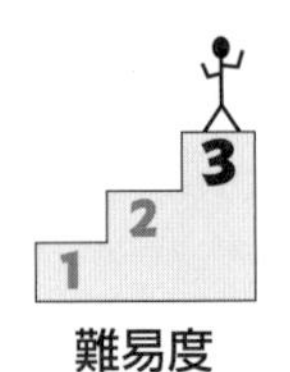
難易度

ブック「**Lesson89**」を開きましょう。

グラフを作成しましょう。

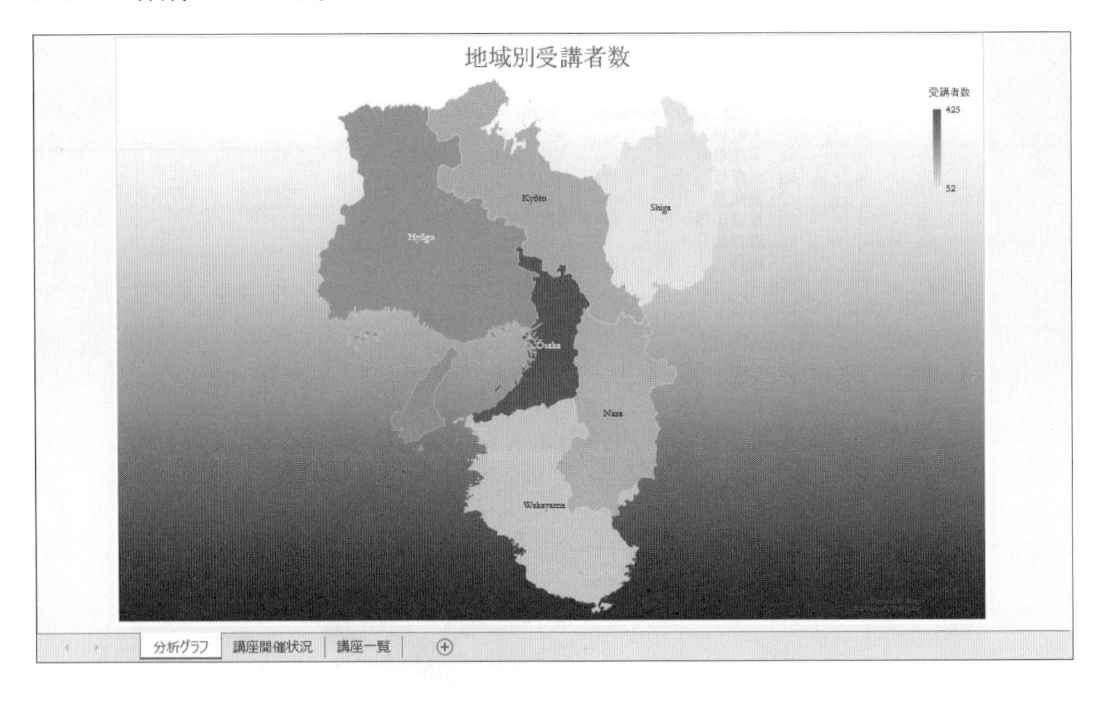

Hint!

- マップ投影　：メルカトル
- マップ領域　：データが含まれる地域のみ
- マップラベル：すべて表示
- グラフの場所：新しいシート「**分析グラフ**」
- グラフタイトル：フォントサイズ「**20**」
- グラフの色　：モノクロパレット2
- グラフエリア：塗りつぶし（グラデーション）
  線形・下方向・0%地点の分岐点「**白、背景1**」・100%地点の分岐点「**黒、テキスト1、白+基本色15%**」

Advice

- 地図を塗り分けてデータを比較するマップグラフを作成します。
- マップグラフの作成直後は世界地図が表示されます。データの地域のみを表示するには、マップの投影方法や領域を設定します。

※マップグラフを作成するには、インターネット接続が必要です。

ブックに「**Lesson90**」と名前を付けて保存しましょう。

よくわかる Microsoft® Excel® 2019 演習問題集 (FPT2002)

2020年 7 月 1 日　初版発行
2024年 2 月 5 日　第 2 版第 6 刷発行

著作／制作：富士通エフ・オー・エム株式会社

発行者：山下　秀二

発行所：FOM出版（富士通エフ・オー・エム株式会社）
〒212-0014 神奈川県川崎市幸区大宮町１番地５ JR川崎タワー
株式会社富士通ラーニングメディア内
https://www.fom.fujitsu.com/goods/

印刷／製本：アベイズム株式会社

表紙デザインシステム：株式会社アイロン・ママ

FOM出版のシリーズラインアップ

定番の よくわかる シリーズ

「よくわかる」シリーズは、長年の研修事業で培ったスキルをベースに、ポイントを押さえたテキスト構成になっています。すぐに役立つ内容を、丁寧に、わかりやすく解説しているシリーズです。

資格試験の よくわかるマスター シリーズ

「よくわかるマスター」シリーズは、IT資格試験の合格を目的とした試験対策用教材です。

■MOS試験対策

■情報処理技術者試験対策

ITパスポート試験

基本情報技術者試験

FOM出版テキスト
最新情報
のご案内

FOM出版では、お客様の利用シーンに合わせて、最適なテキストをご提供するために、様々なシリーズをご用意しています。

https://www.fom.fujitsu.com/goods/

FAQのご案内
［テキストに関する よくあるご質問］

FOM出版テキストのお客様Q&A窓口に皆様から多く寄せられたご質問に回答を付けて掲載しています。

https://www.fom.fujitsu.com/goods/faq/